990円のジーンズがつくられるのはなぜ？

ファストファッションの工場で起こっていること

長田華子──著
茨城大学人文社会科学部准教授

合同出版

この本を読まれるみなさんへ

わたしがはじめてバングラデシュを訪れたのは、今からおよそ10年前のことです。当時、大学3年生だったわたしは、開発途上国の経済状況を学ぶ学問、開発経済学を専攻していました。教科書に並ぶ指標や図表をながめては、21世紀になった今でも世界には1日1ドル未満で生活する人びとが12億人もおり、貧困問題が世界的な課題でありつづけていることを思い知らされました。

日本という国で生まれ育ち大学にすすんだわたしにとって、「貧しい」とはどういう状態であるのか、実感をもてないままでした。開発途上国の経済を勉強すると意気込んではいましたが、貧困は漠然としたイメージでしかありませんでした。

ある日わたしは、国際協力NGOシャプラニール*がアジアの最貧国の1つとされるバングラデシュへのスタディツアーを企画していることを知りました。「貧困」を自分の肌で感じたいという思いでツアーに参加しました。

はじめてバングラデシュに足をふみ入れたとき、大きな衝撃を受けたことを今でも鮮明に覚えています。

信号機の前でバスがひとたび止まれば、物乞いが小銭を求めて近寄ってきま

＊シャプラニール：正式名称、特定非営利活動法人（NPO）シャプラニール＝市民による海外協力の会。バングラデシュが独立した翌年の1972年から、現地での活動をおこなっている日本の国際協力NGO。

す。国会議事堂などの観光地を歩いていると、5、6歳の子どもが花やあめ玉を売りにやってきます。首都ダッカ*のあちこちにスラム街*が広がっていました。居住環境の劣悪さはいうに及ばず、人びとの身なりや生気のない表情は健康状態の深刻さを物語っていました。

しかし、ひとたび首都の喧騒《けんそう》を離れて農村へ行けば、緑豊かな田園風景が広がり、その中をカラフルなリキシャ*が走る光景は、ひときわ美しいものでした。一方で、通りで出会う人びとはみんな男性ばかりで、女性に出会うことは珍しく、異様な感じを覚えました。バングラデシュには「パルダ*」と呼ばれる慣習があり、女性の活動を制限しているというのです。とくに、農村ではパルダの慣習が根強く残っており、女性たちは1日の大半を家の中で過ごしていました。

ツアーの後半、再びダッカへ戻りました。夕方のダッカでわたしが目にした光景は、たくさんの女性たちがハンドバッグを肩にかけ、弁当袋を手にさげて歩く姿でした。工場から無数の女性たちが出てきて、家路を急いでいます。農村の女性たちとはまるで違った姿で、どこか力強さを感じました。この女性たちこそが、縫製《ほうせい》工場で働く女性工員です。

帰国後、わたしは、バングラデシュにとって縫製産業は外貨を獲得するうえでもっとも重要な産業であること、そこで働く人びとの8割が女性であること

＊首都ダッカ：バングラデシュの中央部に位置する。バングラデシュの政治、経済、文化の中心地。

＊スラム：13ページ参照。

＊リキシャ：18ページ参照。

＊パルダ：36ページ参照。

を知りました。女性たちの多くは農村に住む貧しい家庭の出身者で、さまざまな理由を抱えながら、農村から首都ダッカに移り住んでいました。

彼女たちとの最初の出会いからおよそ10年。わたしは、縫製産業で働く女性たちの経済状況、そして彼女たちを取り巻く社会や家庭内のさまざまな問題を調査してきました。

この間、バングラデシュは中国に次ぐ世界第2位の衣料品輸出国になり、また日本へも多くの衣料品が輸出されるようになりました。

しかし、バングラデシュの縫製工場の労働環境は劣悪なままです。2013年の4月に、縫製工場が入ったビルが崩落し、1100人以上の死者を出した事故*はその象徴的な出来事でした。

今、日本では990円のジーンズが売られています。この洋服は一体、どこの国の誰によって、どのようにつくられ、わたしたちの手元に届いたのでしょうか。なぜこんなにも安い価格で洋服を購入できているのでしょうか。

安価な洋服を通じて、グローバル経済とわたしたちがどのように関係しているのか、みなさんといっしょに考えてみたいと思います。

長田華子

***ビル崩落事故**：72ページ参照。

◎もくじ

各章扉の写真は、バングラデシュの民芸品ノクシ・カンタ

装幀……六月舎＋守谷義明

■この本に出てくる国と地域（バングラデシュは７つの管区にわかれる）

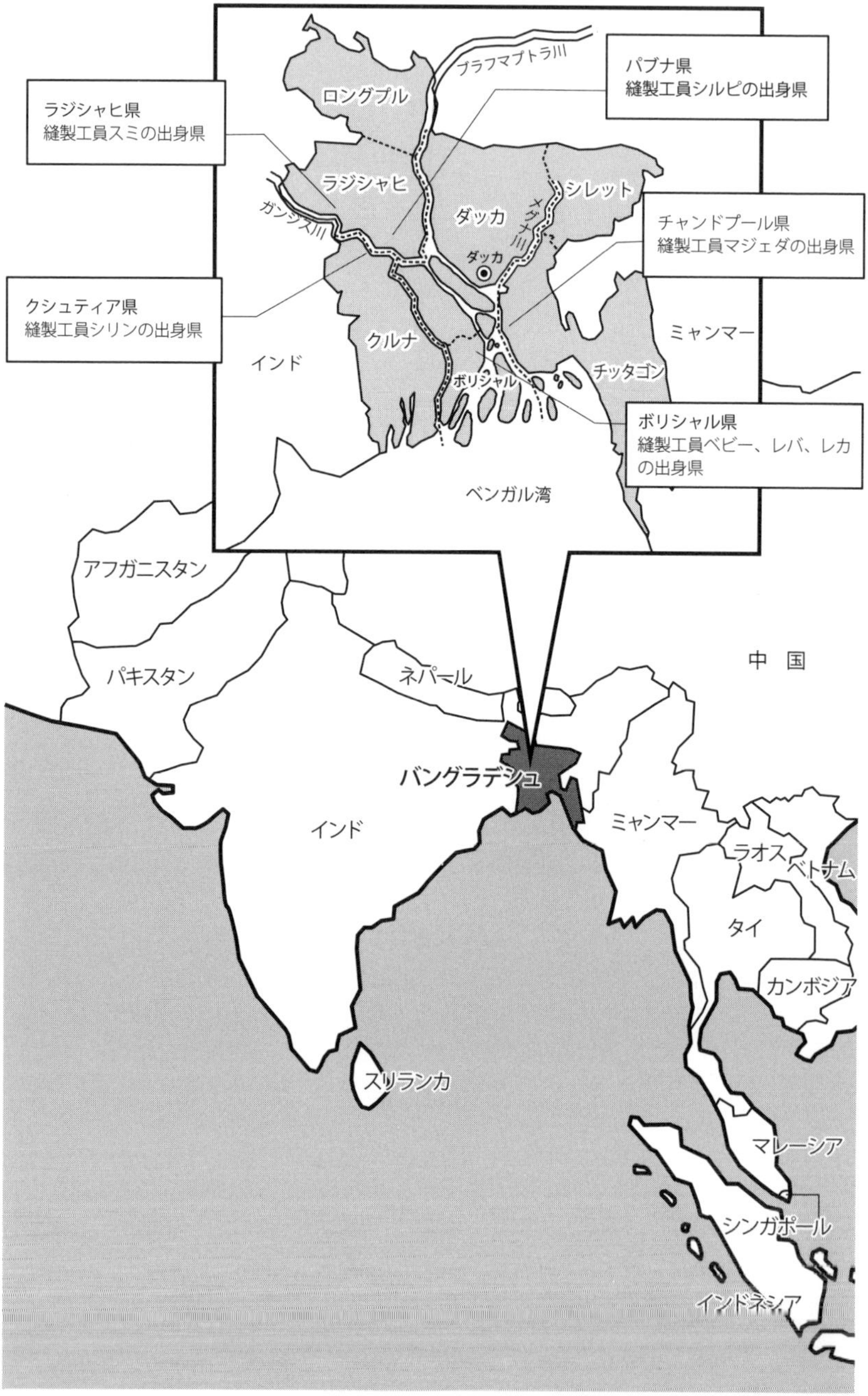

2013年現在

第1章

バングラデシュの縫製工場で働く7人の女性

妹の教育費を稼ぐために働く、縫製工員スミさん

22歳の女性工員スミさんは、首都ダッカ近郊のサバールという地域に住んでいます。まだ顔立ちに幼さが残っていますが、スミさんは19歳のときから縫製工場で働いており、わずか3年の間に2回も工場を替えています。まだ経験が浅いため、スミさんは比較的簡単な作業工程を担当しています。

毎日決まったミシンの前に座り、一日中ジーンズの裾《すそ》を縫《ぬ》っています。生産ラインを統括している男性監督が、ライン上に並ぶ工員に対して、作業スピードをあげるように大声で急《せ》き立てます。しかし、スミさんは黙々とミシンを操作し、その指示をものともしません。

スミさんは、バングラデシュの北西部に位置するラジシャヒ県の出身で、4人きょうだいの3番目として生まれました。お父さんが小さな雑貨店を営んでいますがとても貧しく、お兄さん、お姉さん、スミさんの3人は家計を助けるために首都ダッカの縫製工場で働いています。一番下には13歳、日本でいえば中学2年生*の妹がいます。

監督の指示に従って熱心にミシンをふむスミさん（左）

＊**中学2年生**：中等教育の8年生。バングラデシュの学校教育制度は、以下のとおり。義務教育は初等教育まで。1992年から義務教育期間である初等教育は無料。
・1年生から5年生までの初等教育
・6年生から8年生までの前期中等教育
・9年生から10年生までの中期中等教育
・11年生から12年生までの後期中等教育
・大学

バングラデシュの女性の初婚平均年齢*はとても低く、18・5歳ですが、19歳のスミさんはまだ結婚していません。バングラデシュでは、独身の女性が1人でアパートを借りて住むことや、友人といっしょにアパートに住むことはめったにありません。独身女性の多くは家族や親戚《しんせき》と同居することを選びます。

スミさんもお兄さん夫婦の家に居候《いそうろう》しています。お兄さんの奥さんも縫製工場で働いています。お兄さん夫婦には子どもがおらず、一時的にスミさんが同居しているのです。

スミさんは、毎朝8時から夕方5時まで、残業があれば夜の7時まで働きます。休日は週に1日です。お兄さんの家から工場までは、工場のバスで通っています。スミさんの1カ月分の給料は、残業代も含めて約3000タカ、*日本円に換算すると約4000円です。縫製工場で働くお兄さん夫婦の家に同居しているので、なんとか暮らしていけます。

このわずかな給料の一部を、スミさんは毎月実家に送金しています。金額は給料の3分の2の2000タカ（約2700円）にもなるそうです。スミさんは、「わずかな給料の中で、日々の生活費をやりくりするのは大変。でも、わたしの送金が滞るとすぐにお父さんが現金を取りにダッカまでやってきます」

***初婚平均年齢**：2009年のバングラデシュ国勢調査にもとづく数値。男性の初婚平均年齢は、23・8歳である。バングラデシュの法定最低婚姻年齢は、男性21歳、女性18歳。

***タカ**：バングラデシュの貨幣の単位。1タカは1・34円で換算。

と話します。お父さんが営む小さな雑貨店の稼ぎだけでは、実家の生活がまわらず、両親はダッカに住む子どもたちの給料を当てにしているのです。

しかし、スミさんにとって、実家に送金することは当たり前のことのようです。とくに、妹が学校に通いつづけられるように送金したいと考えています。スミさんは家庭が貧しかったために、日本でいう中学3年生を終えると同時に、学校に通えなくなりました。妹には自分と同じ目に遭わせたくない。そんな思いからスミさんは毎日工場で働き、その収入を実家に送っています。

家族の大黒柱として働く、縫製工員シルピさん

シルピさんは、24歳にして2人の娘のお母さんです。これまでに10年間縫製工場に勤めた経験があるので、慣れた手つきでミシンを扱います。同じラインの女性工員たちがトラブルの責任を押しつけ合っているのをよそに、黙々と作業をしています。

シルピさんは、バングラデシュの北西部のパブナ県に生まれました。両親と弟の4人家族のシルピさん一家は、首都ダッカに移住してきました。若くして

黙々とミシンをふむシルピさん

結婚したあとは、夫と2人の娘と4人でダッカ市内に住んでいます。

夫とともに生活していますが、一家の大黒柱はシルピさんです。夫は長いこと病気で、働くことができません。月々のシルピさんの収入３５００タカ（約４７００円）が世帯の全収入です。

シルピさんの1日は朝5時にはじまります。起床後すぐに、家族4人分の朝食と昼食をつくります。つくり終えると2人の娘に朝食を食べさせ、出かける支度をし、娘たちといっしょに家を出ます。近所のマドラサ*に娘たちを預けてから、40分かけてバスで通勤します。

午前8時から午後5時まで、残業があれば午後の7時まで、工場でミシンをふみつづけます。12時45分から13時45分までの1時間の昼食時間を除いて、休憩時間はありません。およそ20～30人の縫製工員が1つの生産ラインを構成し、ジーンズをつくっています。1人の工員が1工程を担当しており、1人でも欠けてしまうと、作業が止まってしまいます。生産ラインが動いているときは、トイレに行ったり、水を飲みに行ったりすることはできません。おなかがすいたからといって、おやつを食べることや、隣に座る工員とおしゃべりすることもできません。

＊マドラサ：イスラム神学校。バングラデシュでは教育相が管轄し、マドラサの教育体系を学校教育制度として認定している。

工場が手配したバスに乗り込む工員たち

バングラデシュは熱帯モンスーン気候*に属し、1年の気候は雨季と乾季*にわかれています。11月から2月中旬くらいまでを除いては、30度以上の暑い日がつづきます。とくに、夏がはじまる4月から5月にかけては気温がもっとも高くなり、35度を超えることは珍しくありません。工場の中では何十人、何百人という工員がミシンを動かしつづけているので、外の気温よりも3度から4度は高くなります。40度近い室内で、十分な休憩をとることもなく、朝から晩までミシンを動かしつづけることは本当に過酷な作業です。

シルピさんは、工場での仕事が終わるとマドラサに2人の娘を迎えに行き、自宅に戻ります。そのあとすぐに夕食をつくり、娘たちに食事を与えます。ゆっくりと自分の体を休めることができるのは、娘たちが寝静まった頃です。

シルピさんには、一家の稼ぎ手、2人の娘たちの世話、病身の夫の介護と、三重の責任がのしかかっています。シルピさんの1カ月の給料は、残業代を加えても3700タカ（約5000円）しかありません。娘たちの学費、夫の治療代、なによりも一家4人が飢えることなく生きていくために、過酷な環境でも縫製工場で働きつづけなければなりません。

＊熱帯モンスーン気候：弱い乾季のある熱帯気候の一種。

＊雨季と乾季：正確にいえば、バングラデシュの季節は6つある。1年のはじまりは、4月中旬（ベンガル歴の元日は4月15日頃）。2カ月ごとに6つに分類される。
・4月中旬から6月中旬までの夏
・6月中旬から8月中旬までの雨季
・8月中旬から10月中旬までの秋
・10月中旬から12月中旬までの霜季《しもき》
・12月中旬から2月中旬までの冬
・2月中旬から4月中旬までの春

首都ダッカのスラム街

2人の娘を抱えたシングルマザーのシリンさん

35歳の縫製工員シリンさんは、17歳の長女アンニさんと同じ縫製工場で働いています。もう1人、12歳の娘さんがいますが、まだ学校に通っています。

シリンさんは、2人の娘とお母さんの4人で首都ダッカ近郊のサバール地区に住んでいます。スラム街*ではありませんが、せまい家々が密集している薄暗い地区で、アパートの1室を借りています。家の中には、ベッドとたんすしかなく、テレビや冷蔵庫などの電気製品はありません。台所、トイレ、お風呂（水で体を流す場所）などは共同です。

シリンさんは南西部のクシュティア県の出身で、小さな雑貨店を営む両親のもとで、3人きょうだいの次女として生まれました。3人ともすでに結婚しています。お姉さん夫婦は故郷のクシュティア県で暮らしていますが、弟夫婦はダッカに住んで、縫製工員として働いています。

シリンさんが幼少のときお父さんが亡くなり、シリンさん一家は突然稼ぎ手を失いました。3人の子どもは就労可能な年齢*の18歳になっていなかったた

＊スラム：都市で貧しい人びとが寄り集まって住んでいる区域。国連人間居住計画（UN-Habitat）は、次の5つの項目のうち、1つ以上欠如している世帯をスラムの世帯と定義（ユニセフ、『世界子供白書2012』参照）。
・改善された水へのアクセス
・改善された衛生設備（トイレ）へのアクセス
・住み続けられる保証
・住居の耐久性
・十分な生活空間

＊就労可能な年齢：バングラデシュの労働法（2013年）では、就労可能な労働者は、18歳以上とされている。ただし、14歳から18歳の青少年に対しては、健康状態に問題がないとする公式な証明書や書類を保持している場合、就労可能と認めている（ジェトロ・ダッカ事務所、『バングラデシュ労務管理マニュアル』、2013年12月参照）。

め、お母さんが洋服の仕立屋をはじめました。お母さんの稼ぎはそれほど多くなかったのですが、シリンさんは前期中等教育の7年生（中学1年生）まで学校に通うことができました。日本では中学校までが義務教育なので、中学校を卒業することはごくふつうですが、バングラデシュでは中学校を卒業することさえも難しいのが現状です。

バングラデシュの義務教育は、初等教育の1年生から5年生までの5年間だけです。バングラデシュ政府、国際機関やドナー国（開発援助資金の提供国）のとりくみもあり、初等教育の純就学率*は80％（外務省ウェブサイト、「諸外国・地域の学校情報」、平成25年4月）に達しているとされています。しかし、縫製工員の中には小学校を卒業していない人も多く、まったく学校教育を受けていない人もいます。このような状況からすれば、シリンさんは縫製工員の中では比較的学歴の高いほうなのです。

シリンさんは、前期中等教育の7年生を終えたあと進学を断念し、家で家事をして過ごしました。そして、17歳のときに結婚しました。結婚後は2人の娘に恵まれましたが、23歳のときに2人目を出産してまもなく夫が病気で亡くなりました。シリンさんは突然、稼ぎ手を失い、お母さんと同じ境遇を今度はシ

親子で働く母・シリンさん（右）と娘・アンニさん（左）

＊純就学率：「一定の教育レベルで、教育を受けるべき年齢の人口総数に対して実際に教育を受けている（その年齢グループに属する）人の割合」のこと。これに対して、総就学率とは「一定の教育レベルで、教育を受けるべき年齢の人口総数に対して、実際に教育を受けている（年齢にかかわらない）人の割合」を意味する（公共財団法人ユネスコ・アジア文化センターウェブサイト、用語集参照）。

リンさん自身が経験することになったのです。

　シリンさんは2人の娘を育てるために、働かざるを得なくなりましたが、それまで外で働いた経験がまったくありませんでした。シリンさんはおじさん（シリンさんのお母さんの兄）のつてを頼って、ダッカ市内にある縫製工場で補助工員*として働くことになり、就職を機にお母さんとダッカへ移り住みました。家族4人が生きていく手段として、シリンさんはとにかく縫製工場で働く必要があったのです。

　長女のアンニさんも前期中等教育の6年生を修了してから数年後、縫製工場で働きはじめました。シリンさんにとって、アンニさんを働かせるのは苦渋《くじゅう》の決断でした。しかしダッカ市内では家賃や食費が高騰《こうとう》していて、1人の給料では家族4人の生活費が足りず、仕方のないことでした。最初はシリンさんとは別の工場で働いていましたが、自分の目の届かないところで長女を働かせるのは心配で仕方がなく、アンニさんを呼びよせました。

　シリンさんにとってさらに気がかりなことは、娘たちの結婚です。とくにアンニさんの年齢は17歳です。すでにシリンさんが結婚した年齢を過ぎていることから、アンニさんの結婚相手を見つけることが最大の関心事だと話していま

＊補助工員：英語の「ヘルパー（helper）」という言葉で呼ばれている。縫製工員のそばで補助的な作業をおこなう工員。糸くずや汚れを取るなど縫製工員がミシン操作をしやすいように、手助けをすることがおもな仕事。

むずかしい工程を縫製する女性工員（右）には、補助工員（左）がつく

した。シリンさんは、２人の娘が結婚する際に必要なダウリー（持参金）をひそかに貯めていました。

ダウリーとは、結婚をするときに女性の生家から男性側（婚家先）に贈る金品のことです。これとは逆に、男性側から女性の生家へ金品を贈る婚資《こんし》という慣行もあります。ちなみに日本でも結納《ゆいのう》といって男性から結婚する女性に金品を渡す風習があります。

バングラデシュでは、昔は男性側から女性の生家への婚資の支払いが一般的でした。しかし１９６０年代末頃から、とくに貧困層の間でダウリーの慣行が広まり、１９８０年代に急増したといわれます。

このダウリーの慣行によって、男性側から多額のお金やモノを要求されることがあります。そのため、貧しい家庭では、娘の結婚が経済的に大きな問題になります。昔は女児殺しと呼ばれる風習があり、現在でも女の赤ちゃんの誕生を嫌う傾向がみられます。

２年後にシリンさんに再会したとき、長女のアンニさんは結婚していました。同じ地方の生まれの男性で、ダウリーを要求されることはなかったそうです。現在シリンさんは、アンニさん夫婦、シリンさんのお母さんと次女の５人

結婚式の様子を見ながら、持参金について学ぶ女の子たち（シャプラニールによる女性支援プログラム）

で暮らしています。

3姉妹の縫製工員ベビーさん、レバさん、レカさん

ベビーさん、レバさん、レカさんの3姉妹は同じ縫製工場の同じ生産ラインで働いています。3人は手先がとても器用で、男性の監督から、誰もやりたがらないむずかしい工程を担当するよう命じられています。蒸し暑い工場の中で汗をぬぐいながら、ひたすらミシンをふみつづけています。

海外の縫製工場に長年勤めた経験がある日本人の技術者によれば、ジーンズを縫製する工程でもっともむずかしい作業は、ベルト部分を縫いつける作業だそうです。この作業が上手にできると、できあがったジーンズが美しく見えるそうです。長女のベビーさんと次女のレバさんは、このもっともむずかしいとされる工程を担当しています。また、三女のレカさんは、ライン上に欠席者が出た場合の穴埋め工員です。毎日どのラインの工員が休むかわかりません。レカさんはどの工程にも対応できる熟練工員なのです。

長女のベビーさんは35歳、次女のレバさんは30歳、三女のレカさんは25歳で

長女ベビーさん（中）、次女レバさん（左）、三女レカさん（右）

す。それぞれ結婚して家庭をもっていますが、3人の住まいは徒歩で行き交えるほど近くにあります。毎朝工場に行くときも帰るときもいっしょで、休みの日もお互いの家を行き来しています。3人にはお兄さんがいますが、お兄さん夫婦も14歳の息子とともに首都ダッカに住んでいます。生まれ故郷のボリシャル県には、今も両親が住んでいます。お父さんは農業に従事していましたが、55歳になった今は働いておらず、現金収入はありません。

長女のベビーさんは、夫と13歳と7歳の娘の4人家族で、ダッカから少し離れた閑静《かんせい》な住宅地の1室を借りて住んでいます。家族4人が住むには決して広い部屋とはいえませんが、ほかの縫製工員の家に比べると居住環境には恵まれています。

ベビーさんの夫は、ダッカ市内でタクシーの運転手をしていますが、日々の乗客数と走行距離によって月給の額が決まるので、体調不良で休んだりすると収入が減ってしまいます。ちなみに、ダッカ市内にはタクシーのほか、ベビータクシー*、リキシャ*が走っています。ベビーさんの給料は毎月決まった額が支払われる月額制なので、家族にとって重要な現金収入です。

ベビーさんは朝から晩まで縫製工場で働いているので、家のことをするのは

＊ベビータクシー：バングラデシュでは、三輪自動タクシーのこと。

＊リキシャ：語源は日本語の「人力車」。バングラデシュでは、もっとも身近な公共交通機関。バングラデシュの人びとは、少し外出するにも、徒歩よりリキシャを利用することを選ぶ。

もっぱら13歳の長女です。長女は12歳まで学校に通っていましたが、母親が工場で働いている間幼い妹の面倒を見なければならず、学校へ通えなくなりました。今は、朝の8時前に家を出ていく母親を見送ったあと、小学校に通う7歳の妹の世話をしています。母親が帰宅する夜の7時過ぎまで、母親代わりをしています。

次女のレバさんは、ダッカ市内で車の運転手をしている夫と7歳の息子の3人家族ですが、市内に住んでいるのは夫とレバさんの2人です。夫婦共働きのレバさんは、一日中、息子を1人で家に留守番させておくことはできないと考え、両親に預けているのです。「子どもがそばにいないのはとてもつらいことです。でも、ダッカ市内は家も狭く、危険もたくさん潜んでおり、幼い子どもを育てる環境ではないと思うの」とレバさんは話します。

実は、三女のレカさんも7歳の娘を実家に預けています。実家の両親が男女2人の孫の面倒をみているのです。夫は縫製工場の監督で、共働きしながら生計を立てています。

3人が実家に帰るのは、年に1度のイード休暇*のときだけです。そんな娘たちの状況をみかねた両親は、2人の孫を連れてたびたびダッカを訪れます。

＊イード休暇：正式には、「イード・アル＝フィトル」と呼ばれる断食月を祝うお祭り。イードは「祝宴」、フィトルは「断食の終わり」を意味する。イスラム教徒は1年に1度、1カ月間、夜明けから日没まで断食をする。1カ月間断食に耐えたあと、そのお祝いとして、公式には3日間のイード休暇が設けられる。職場からボーナスを与えられることも多く、多くの人びとが故郷に帰省する。

ラマダン（断食月）の日没後、はじめてとる食事「イフタール」（空腹を満たすために脂っこい料理が多い）

毎月、長女のベビーさんの給料は、3600タカ（約4800円）、次女のレバさんの給料は3500タカ（約4700円）、三女のレカさんの給料も3500タカです。3人とも、残業代を合わせると4000タカ（約5400円）を超えるくらいの収入があります。

次女のレバさんは500タカ（約700円）、三女のレカさんは1000タカ（約1300円）を、養育費として実家の両親に送金しています。

このほかに、3人は毎月それぞれの夫の実家に送金をしています。その金額は長女のベビーさんは2000タカ（約2700円）、次女のレバさんは1500タカ（約2000円）、三女のレカさんも2000タカです。3人は自分たちの給料のおよそ半分を夫の実家へ送金しているのです。

縫製工場で働く既婚の女性たちが、自分の給料から夫の実家に送金をするのは珍しいことではありません。わたしは、自分たちの生活が決して楽ではないのに、夫の実家に給料の半分を送ることを理解できませんでした。

夫の実家へ送金する理由を女性たちに聞いても、はっきりその理由を話してくれません。ただ、バングラデシュでは、家の外で働いている嫁のことを「悪い嫁」とみなす風潮があり、そういった評判を和らげる効果はあるでしょう。

しかし、給料の半分を夫の実家のために使っているとなると、ほかに理由があるのかもしれません。

熟練縫製工員として仕事をこなすマジェダさん

22歳の未婚のマジェダさんは、飛び抜けて手先が器用な熟練の縫製工員です。生産ラインを指揮する男性監督のどんな要求にも応えて、製品をつくります。

自分の腕に自信があるからなのでしょうか、ほかの工員が男性監督に対していえない文句や要求もはっきり口にします。ほっそりとした体つきですが、とても芯が強く、男性の監督から怒鳴られて泣き出してしまう女性工員をそっとなぐさめるやさしさがあります。

マジェダさんは、首都ダッカの南東部に位置するチャンドプール県の生まれです。8人きょうだいの長女であるマジェダさんの下には、5人の妹と2人の弟がいます。すぐ下の妹がダッカに移り住み、縫製工場で働いている以外、全員就労年齢には達していません。このうち、2人の妹と2人の弟が両親のもとで暮らしています。一番年下の弟はまだ2、3歳ほどです。

マジェダさんの一家は、お父さんの農業労働で得た収入で生活をしていました。お父さんは農地をもたない農業労働者です。バングラデシュの農村では、近年、マジェダさんのお父さんのような農地をもたない人びと（世帯）が増えています。人口の増加と世代交代にともなう世帯の分割により、世帯数が増加しているためです。基本的に、バングラデシュでは農地を等しく分割し（女性は男性の2分の1）、相続することが認められているため、世帯数の増加とともに農地の所有面積は小さくなってしまうのです。この農地をもたない人びと（世帯）が、農村の貧困層であることはいうまでもありません。この人びとは土地をたくさんもっている人びとから農地を借り入れて、零細小作農*になっています。

マジェダさんの家庭はとても貧しく、マジェダさんは小学校の2年生までしか学校に通うことができませんでした。小学校5年生までは義務教育*期間であり、無償です。しかし、マジェダさんのように義務教育を完全に受けられない子どもたちが、まだバングラデシュにはたくさんいるのです。

農村では親の学歴が低く、親が教育の重要性について十分に理解していない

***零細小作農**：農地をもたず、地主から小規模な農地を借り入れて農作物や米などを栽培する人びとのこと。

***義務教育**：8ページ参照。

たくさんの布に囲まれながら、ミシンをふみつづける熟練工員マジェダさん

マジェダさんとその家族（両親と弟、妹たち。一番右がマジェダさん）

ことがその一因です。とくに、女の子の通学に当てはまります。「女の子は将来、結婚するのだから教育は必要ない」という考えはまだバングラデシュに残っています。また、家の近くに女子だけの学校がない、女性の教員が少ないといった理由で、親たちは途中で学校に通わせるのをやめてしまいます。

マジェダさんは10歳のときに、ダッカ市内に住む親戚のおじさんの家に預けられました。マジェダさんの家は貧しく、彼女を育てる余裕がなかったからです。10歳のマジェダさんには働く場所がなかったので、3、4年間はおじさんの家で家事手伝いをしました。そして15歳になってから縫製工場で働きはじめました。工場で働くまでミシンに触れたことは一度もなく、最初の1年間は縫製工員の補助役として糸切り作業をしていましたが、今は縫製工員として働いています。マジェダさんのあとを追ってすぐ下の妹も家を出て、別の縫製工場で働いています。

わたしはマジェダさんといっしょに、彼女の実家を訪ねたことがあります。約束の日、マジェダさんはみどり色と白色のきれいなサロワカミューズ*を身にまとい、しっかりと髪を結い、化粧をして、わたしの前に現れました。ふだんとはまったく違う身なりで、まるで別人かと思うほどでした。きっとマジェダ

＊サロワカミューズ：サリーと並ぶバングラデシュの女性の伝統服。丈の長いワンピースのようなトップスとズボンとスカートの3点セットの衣服。バングラデシュのほとんどの女性が日常的に身につけている。

さんは、自分が外資系（日系）の工場で働き、「立派に暮らしていること」を、またそこで出会った外国人の友人（＝わたし）を連れていくまでに成長した自分を、家族に見せたかったのでしょう。

ダッカから故郷のチャンドプール県まで車で5、6時間かかります。マジェダさんの実家はチャンドプール県の市街地からさらに車で1時間、そこで車を降りて、人がやっととおれる細い道を徒歩で1時間もかかってたどり着く、小さな集落の中にあります。屋根はトタン板、壁はわらでつくられ、9人の家族が暮らすには狭過ぎる小さな家です。家具はベッドとたんすがある程度で、テレビや冷蔵庫などの電気製品はありません。家族の食事も白いご飯に卵のカレーといったように、とても質素なものでした。マジェダさんの家族にとって2人の娘を働きに出しても、生活の苦しさは変わらないのだと、わたしはそのとき感じました。

この2年間、マジェダさんは同じ縫製工場で働きつづけていますが、長時間のミシン作業は大変です。男性監督からは毎日のように汚い言葉を浴びせかけられ、難癖《なんくせ》をつけられます。理由もなく嫌がらせを受けたこともあります。

マジェダさんにとって、今の職場は決して居心地のよいものではありません。しかし、「これまでの経験や手先の器用さを評価され、ほかの女性工員に比べて給料が高いので、なんとか働きつづけていられます」と、マジェダさんはいいます。マジェダさんの毎月の給料は、３６００タカ（約４８００円）で、残業代を含めても５０００円を少し上回る程度です。

ここで紹介した縫製工場で働く女性たちの収入を知って、みなさんはどのように感じるでしょうか。この金額は、彼女たちが1カ月働いて得た給料です。日本人の学生が時給８００円のアルバイトを1日8時間したとすれば、６４００円もらえます。彼女たちは1カ月働いても、日本なら1日で稼げる額にも満たない金額しかもらえない現実がここにあるのです。

第2章

女性たちが縫製工場で働くわけ

縫製工場で働く女性たちの共通点

マジェダさんたち7人が働いている首都ダッカ近郊の縫製工場は、日本の企業がバングラデシュに建てた工場です。一般的に日系工場の労働環境は現地の工場に比べてよいといわれていますが、それでも縫製工場で働くことはわたしたちが想像する以上に大変です。首都ダッカ近郊の縫製工場で働く女性には、大きくわけて3つの共通する特徴があります。

第1に、女性たちのほとんどが学歴の低い、貧しい家庭の出身者で、父親や夫の職業が農業や日雇いの仕事（リキシャの運転手や建築現場の労働者など）であることが多いのです。

第2に、女性たちの多くが地方出身者です。1997年におこなわれた調査によれば、全体の73％に当たる女性が農村から首都ダッカへ移住した人びとでした。男性の場合も地方出身者が76・3％で、性別を問わず、縫製工場で働く人は農村からの移住者が多いのです。また、わたしが2010年に縫製工場で働く65人に対しておこなった調査でも同様の結果で、ダッカ県の出身者は65人

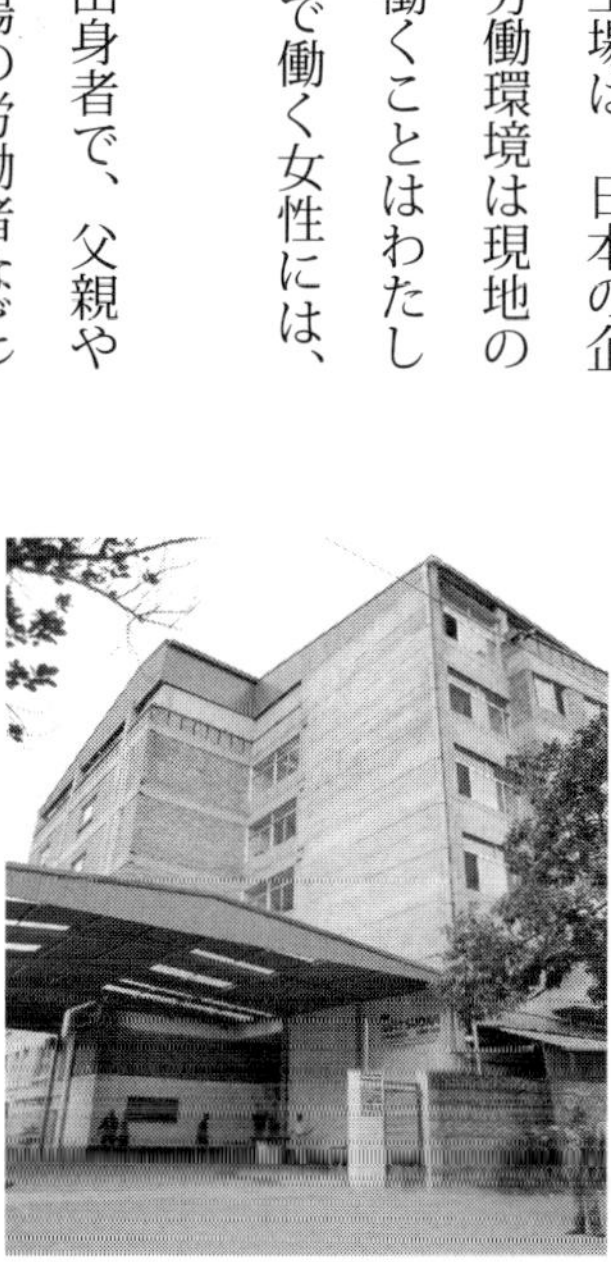

7人が働く日本企業のバングラデシュ工場

＊**寡婦**：夫と死に別れて再婚しないでいる女性のこと。

＊**遺棄者**：夫が同居や扶助《ふじょ》、扶養《ふよう》の義務を怠ったために、そのような恩恵を受けることのできない女性のこと。

＊**GDP（Gross Domestic Product）**：国内総生産。ある一定期間内に、国内で新しく生産された生産物やサービスの金額の合計。

中わずか8人しかいませんでした。

第3に、縫製工場で働く女性たちの中にはさまざまな困難を抱えている人がいるということです。ある調査によれば、縫製工場で働く女性の中で寡婦《かふ》*、離婚者、遺棄《いき》者*の割合が年々増加しているともいわれています。

貧しさから逃れるために

バングラデシュの女性たちが、縫製工場で働く理由には、「貧しい状況から逃れたい」という思いがあります。近年、バングラデシュは高い経済成長を遂げており、とくに2004年以降は、2008年と2009年を除いて毎年6％台のGDP*成長率を持続しています。

首都ダッカのような大都市の町並みは、この10年あまりの間に様変わりしました。高層のショッピングモールが乱立し、どんどん華やかになっています。しかし、少し路地裏に入ればスラム街が広がっており、バングラデシュの経済成長の恩恵は国民一人ひとりに届いていないのです。

アジア開発銀行*の統計によれば、1日に1・25ドル（購買力平価*換算）以下

ダッカ市内に乱立するショッピングモール

＊アジア開発銀行：貧困のないアジア・太平洋地域の実現をビジョンとして掲げる67の加盟国・地域からなる国際開発金融機関。開発途上加盟国が貧困を削減し、人びとの生活を向上できるように、おもに金融の側面から支援している（アジア開発銀行ウェブサイトの概要参照）。

＊購買力平価：同じ財やサービスの入った買い物かご（バスケット）を購入する際に、各国の通貨で購入した額が等しい価値をもつと考えて定められる交換レートのこと。たとえば、同じ財やサービスのバスケットを購入する際に、日本では10万円、アメリカでは1000ドルならば、10万円＝1000ドル、すなわち、購買力平価は1ドル＝100円となる。

で生活している国民が43・3％にものぼっています（２０１０年統計）。国民の半分近くが、１日１５０円（1ドル＝１２０円で換算）に満たない額で生活をしているのです。この割合は、統計が出されているアジアの国ぐにの中で、もっとも高い数値です。ただし、１９９１年には1日１・25ドル以下で生活している人びとの割合は70・２％にものぼっていたことから、大きく好転していることは確かです。しかし、現在でも国民の半分弱の人びとが貧困状態であるという深刻な事態に変わりありません。

健康に関する数値を１つ紹介しましょう。同じくアジア開発銀行の統計によれば、２０１４年のバングラデシュにおける5歳未満の低体重児童の比率は、32・６％です。１９９０年には61・５％だったのでおよそ20年の間に格段に改善していますが、今なお10人中３人は低体重で生まれてきているのです。母親の多くが十分な栄養を摂取していないことが原因です。この貧しい状況を改善するためには、より現金収入を増やすことが必要です。

バングラデシュの貧しい家庭では、世帯主である父親や夫のみならず、妻、そして小さな子どもまでが働くことで家計をなんとか維持しています。

バングラデシュの労働法では、12歳以下の子どもはいかなる分野でも働いてはならないとされています。どんな子どもにも、学校に通う義務があるからです。しかし、貧しい家庭の子どもは、重要な働き手の1人として数えられます。工場の経営者にとっては大人よりも子どものほうが使い勝手がよく、低賃金で働かせることができるため、労働法で禁止されていても子どもを雇う工場はあとを絶ちません。児童労働の問題は第4章でくわしく紹介します。

深刻な農村の生活苦

貧困問題がとくに深刻なのは農村です。貧困線*以下の生活水準で暮らす人の割合（「貧困率」）は、農村では35・2%*です（2010年）。農村に住む人の3分の1に当たる人びとが慢性的な貧困状態のもとで生活しているのです。農村に住む人びとのほうが、貧困状態に陥る危険性が高い理由は2つあります。

1つ目は、多くの人びとが農業をはじめとする第一次産業*に従事していることです。自然に依拠《いきょ》して営まれる農業は、天候不順がつづけばすぐに収入が途絶えてしまいます。バングラデシュの農村に住む人びとのうち54・5%の人が、「第一次産業」に従事しています（2010年労働力調査）。

***貧困線**：バングラデシュでは、貧困を測定する際の貧困線を設定する場合、基礎的ニーズ（食料、非食料）を入手するために必要な支出額を算定する、基礎的ニーズコスト（CBN：Costs of Basic Needs）法を用いる。その際、「貧困線」と「最貧困線」の2通りで推定する。貧困線を下回る層を貧困層とみなす（『バングラデシュ経済レビュー2012（英語版）』参照）。

***都市部の貧困率**：21・3%。

***第一次産業**：農業、林業、漁業など。ちなみに、「第二次産業」は製造業や鉱工業などを、「第三次産業」は運輸、通信、金融、そのほかのサービス業などをいう。

農村に住む人びとがどのように働いているのか、具体的に紹介しておきましょう。２０１０年の労働力調査によると、15歳以上の就業者のうち都市では定額給与の正規雇用が30・３％に対し、農村では９・９％です。農村では10人に１人しか正規雇用の形態で働いていません。つまり、ほとんどの人びとはその日暮らしを余儀なくされているのです。

農村では自営業者*の比率が高くなっています。自営業者の中でも、農業部門の自営業者（家庭菜園、家畜、家禽《かきん》類の飼育など）が27・７％、非農業部門の自営業者（鍛冶《かじ》、大工など）が16・９％です。また、無報酬の家族労働者*の比率が高いことも農村の特徴です。農村では、23・２％の人が無報酬の家族労働者であり、都市の17・１％に比べて高い数値になっています。中でも、女性の場合きわめて高い比率（58・６％）で、農村の女性の半数以上は働いているものの、その労働に対して賃金の支払いがおこなわれていないのです。

労働の問題を考える際に、失業率という指標が使われます。２０１０年のバングラデシュ全体の失業率は４・５％、都市では６・５％、農村では４・０％となっています（２０１０年労働力調査）。

この数字を見る限り、都市に比べて農村のほうが失業率が低く、一見問題は

＊自営業者： 自分で事業を営んでいる人。たとえば、理髪店や靴店といった規模の小さな小売業や店舗経営など。

＊無報酬の家族労働者： 家庭菜園や家畜・家禽の飼育、網づくり、食品加工など、家族の一員として仕事に従事する者。とくに女性の場合、女性の家庭内の仕事の一部とみなされる傾向にあり、その貢献が「見えないもの」として扱われてきた。

小さいように思われます。しかし、この統計では「無報酬の家族労働者」が有職者として数えられており、失業者とはみなされていません。統計を読み解く際には注意が必要です。またバングラデシュ政府が発表しているこの失業率の数字自体に問題があり、実態とは大きくかけ離れているという指摘もあります（ARCレポート2012／2013）。

２つ目は、バングラデシュの農村が自然災害の影響を受けやすいということです。いったん大きな災害が襲いかかると、人びとの生活は根こそぎ破壊されてしまいます。

６ページの地図を見てください。バングラデシュの国土は、ガンジス川、ブラフマプトラ川、メグナ川という3大河川*によって形づくられた、世界最大のデルタ*地帯です。また、国内を３大河川の支流や分流が網目状に流れており、６月中旬から８月中旬の雨季になると、各地で洪水を引き起こします。アジア防災センターのウェブサイトによれば、バングラデシュでは１９８０年から２００８年の間に２１９もの自然災害を経験したと報告されています。

近年、バングラデシュでは、気候変動によって洪水とサイクロン*による被害の頻度と強度が増していると指摘されています。それ以外にも干ばつや猛暑

＊3大河川：バングラデシュでは、ガンジス川のことをパドマ川、ブラフマプトラ川のことをジョムナ川と呼ぶ。

＊デルタ：河川の運搬する土砂が、河口近くにたまって形づくられた、三角形の低く平らな地形。

＊サイクロン：インド洋・太平洋南部で発生する熱帯低気圧。強い暴風雨をもたらす。性質は台風と同様。

（夏の長期化）、突然の豪雨や季節外れの降雨などが毎年のようにバングラデシュのあちらこちらで起こっています。* これらの自然災害は都市よりも地方や農村に集中しているのです。

２００９年5月に発生した「サイクロン・アイラ」は、死者１９０人、50万人以上の人びとが家屋を失うなど大きな被害をもたらしました。

人びとが農村から都市へ移動するわけ

バングラデシュは建国からまだ44年しか経っていないとても若い国です。１９７１年の独立以降、多くの人びとが農村から都市へ移動しはじめました。とくに首都ダッカには、よりよい仕事、よりよい教育、そしてよりよい居住環境を求めて人びとが移住しました。その傾向は現在まで変わりません。世界銀行の統計によれば、バングラデシュの都市化率*は１９８１年の16％から２０１４年には33％まで増加しています。

農村から都市に流れ込んでくる人びとの多くが、貧困を移住の理由としてあげます。最近では自然環境の悪化によって住みつづけることが困難になり、都

＊バングラデシュの自然災害：Dwijen L Mallick,C40気候変動東京会議報告資料を参照。

＊都市化率：全人口に占める都市人口の割合。

完全に浸水している学校（写真提供：シャプラニール）

牛のエサを集める女性（写真提供：シャプラニール）

市への移住を決断する人びとが増えているといわれています。

しかし、都市に流入してくる人びとに対して、政府の対策が追いついていないのが現状です。首都ダッカでは、粗末な住宅とスラムが増加しつづけています。スラムでは清潔な飲料水の供給が整備されておらず、トイレなどの衛生施設が不足しています。また、電気やガスなどのエネルギーの欠如は深刻で、安全で健康的な生活を送るにはほど遠い生活環境です。このような都市の状況は犯罪を誘発し、社会不安を増幅させる要因になっています。

「パルダ」と呼ばれる慣習

すこし話が変わりますが、バングラデシュの女性の社会的地位を考える際にとても重要な「パルダ*」という社会慣習について紹介します。

パルダとは、バングラデシュを含む南アジア全域で広く守られている社会慣習で、「女性を家族以外の男性の目から遮断する」という、女性を社会隔離する慣習の総称です（辛島昇ほか監修、『南アジアを知る事典』、平凡社、2002年）。パルダは女性の行動だけではなく、社会全体のシステム、そし

スラムに住む子どもたち

＊**パルダ**：語源は、ペルシア語やウルドゥー語で「幕」や「カーテン」を意味する。パルダの起源は必ずしも明らかではない。イスラム教の教義に由来するという説と、宗教や階級、カーストを問わず守られていることから土着の習慣であるという説がある。

て価値観をも決定する言葉として存在します。パルダを守ることは「名誉」であり、守らなければ「恥」であるという価値判断と結びついており、そのことはそのまま女性とその家族の社会的な地位を意味するのです。

とくにイスラム教徒は、パルダを厳格に守ります。国民の９割がイスラム教徒であるバングラデシュでは、現在でも都市や農村を問わず社会規範として機能しています。

女性は自宅では女性のみの居住空間（ゼナーナ）に住み、家庭内での家事や育児に専念する存在と位置づけられます。一方の男性は、家庭の外での仕事をおこなう存在とみなされます。女性は男性に扶養される存在であり、男性はその義務を負うことが求められます。一方で、女性は男性を尊敬し、服従し、慎み深い行動をとることが望ましいとされます。

日常生活でも、女性は外出することを極力避け、買い物のときには男性が同行します。とくに肉や魚、野菜の品定めや値段の交渉などは男性がおこないます。夫や父親などの男性のつき添いのもとに、ショッピングモールで買い物をする女性の姿をたびたび目にします。そのときにも「ブルカ」と呼ばれるガウンをサリーの上から羽織って、髪の毛や肌の露出を避けるようにします。

家路を急ぐ女性工員たち。中には黒色のブルカを被る女性もいる

労働（就業率）、教育（就学率や識字率など）、そして健康（栄養不良の比率、乳幼児死亡率など）の統計指標をみると、いずれも女性のほうが著しく低く、社会問題とされてきました。パルダは、この要因の１つと考えられていま す。女性が日常生活で自由に外に出ることを制限され、教育を受ける機会、働いてお金を得る機会、そして人として生きる権利を奪われている状況は大きな問題です。

首都ダッカの縫製工場に女性が職を求めて移住していると紹介しましたが、女性の場合、農村から都市へ１人で移動するということは、まずありません。結婚前は父親、兄弟、叔父などの男性親族、結婚後は夫とともに移動します。

ムハマド・ユヌスのグラミン銀行

こうした状況の中で、バングラデシュの政府やNGO、国際機関やドナー国は、女性の地位向上に向けてさまざまなとりくみをおこなってきました。

１９７５年の第一回世界女性会議*の開催を受け、１９７６年には行政機構の中に女性問題局を設置し、１９７８年には女性問題局から女性省へ昇格させて

***第一回世界女性会議**：１９７５年の「国際婦人年」を契機に、女性の地位向上を目的としてメキシコシティで開催された会議。以降10年間を「国連婦人の10年」とし、参加各国が女性の地位向上にとりくむことを確認。（日本女性学習財団ウェブサイト、キーワード・用語解説参照）。

***女性差別撤廃条約**：正式名、女子に対するあらゆる形態の差別の撤廃に関する条約。１９７９年、国連総会で採択、1981年発効（日本女性学習財団ウェブサイト、キーワード・用語解説参照）。

います。当時、バングラデシュはアジア太平洋地域の中で女性省をもつ最初の国家でした。

１９８４年には女性差別撤廃条約*を批准し、それを受けて児童婚制限法を、１９８６年には持参金禁止法をそれぞれ改正しました。１９９０年には、タイのジョムティエンで開催された「万人のための教育*世界会議」を受けて、初等教育法を制定しました。さらに、１９９２年からは女子の就学者を増やすために、女子の前期中等教育までの学費を無償化しています。

このような女性の地位向上に向けたとりくみをおこなっているのは、政府だけではありません。とりわけ、女性の地位向上に貢献する手法として注目されているのが、マイクロクレジット*です。１９７６年、バングラデシュの経済学者ムハマド・ユヌス*によって考案、実施されました。

１９７４年、バングラデシュは大飢饉《ききん》に見舞われました。当時、チッタゴン大学の経済学部長であったユヌスは、飢えに苦しむ人びとの状況を目にして、突然むなしい気持ちになったそうです。なぜなら、経済学者が唱える経済理論が、人びとの抱える苦しみを解決できていないと気づいたからです。そこで、ユヌスは大学の近くのジョブラ村の貧しい家庭を訪ね歩き、どうしたら貧しい

＊万人のための教育（EFA：Education For All）：２０１５年までに世界中のすべての人びとが初等教育を受けられ、字が読めるようになる（識字）環境を整備しようとするとりくみ。会議は、ユネスコ、ユニセフ、世界銀行、国連開発計画の主催により、初等教育の普遍化、教育の場での男女の就学差を是正することを目的として開催された（文部科学省日本ユネスコ国内委員会ウェブサイト参照）。

＊マイクロクレジット：銀行から融資を受けにくい貧しい人びと（とくに、女性）を対象とした小口融資制度のこと。

＊ムハマド・ユヌス：２００６年ノーベル平和賞を受賞（出典：グラミン銀行ウェブサイト写真集）。

人びとを救えるのかを考えました。

ジョブラ村で最初に出会ったのが、ソフィアさんという女性でした。ソフィアさんは朝から晩まで働いているにもかかわらず、貧しい状態から抜け出せない1人でした。竹を買って竹の椅子をつくり、販売していましたが、ソフィアさんの手元には50パイサ（2・5円）*しか残りません。なぜなら、原料である竹を購入するために、高い利子を請求する仲買人《なかがいにん》から5タカ（25円）を借りていたからです。読み書きのできないソフィアさんに、ふつうの銀行はお金を貸したがらず、仕方なく仲買人からお金を借りていたのです。こうして仲買人からお金を借りて仕事をするたびに、ソフィアさんはますます貧しくなりました。

こうした状況に陥っているのは、ソフィアさんだけではありません。ユヌスは、どうしたらソフィアさんのような貧しい女性たちが抱える問題を解決することができるのか考えました。そうして生み出したのが、マイクロクレジットです。それは、仲買人から借りていた5タカを貸してあげればいいという単純な方法でした。少額の融資をすれば、女性たちは小さな事業を起こし、収入を得ることができるのです。ユヌスはグラミン銀行*を設立し、ふつうの銀行が融

＊50パイサ（2・5円）： 参考文献 坪井（2006）参照。

＊グラミン銀行： マイクロクレジットを専門に取り扱うバングラデシュの民間の銀行。グラミンは、ベンガル語で「村」の意味。1976年、ムハマド・ユヌスが創設。創設当時はNGOだったが、1983年、特殊銀行として正式に発足した。

資をしたがらない、貧しい女性たちに少額のお金を貸し与えることで、経済的に自立できる機会をつくりました。

現在では、マイクロクレジットは貧困層の所得向上のみならず、貧しい人びとの自立や能力の向上にも有効であるとして、アメリカやイギリスなどの先進諸国でも実施されています。

あらゆる女性にひらかれた職場、縫製工場

農村から都市に移住してきた女性たちは、貧しいがゆえに現金収入を得る道を選びます。ただしその際、女性たちはパルダの規範を犯さないことを重視します。

縫製工場ができるまで、農村から移住してきた女性たちにとってもっとも身近な職業といえば、家政婦*でした。特別な資格や高い学歴を必要とせず、また、会社や工場で就職する前に課される、面接や試験などもありません。多くの場合、人づてで仕事の依頼があり、よほどのことがない限り雇い主から仕事の契約を断られることはありません。バングラデシュでは、中所得階級以上の

マイクロクレジットについてNGOスタッフの話に耳を傾ける農村部の女性たち

＊**家政婦**：バングラデシュでは、英語で「ハウス・メイド（house maid）」と呼ばれる家事労働者。雇用者の家で「住み込み」で働くタイプと、自宅と雇用者の家を行き来する「通い」タイプの2種類ある。

ほとんどの家庭で家政婦を雇っています。その数は1人とは限らず、裕福な家庭になるほど複数人を雇います。

たとえば、わたしがバングラデシュに留学していたときに指導を受けたダッカ大学の女性教授の家では、3人の家政婦を雇っていました。1人は、教授の身の回りの世話をする女性、もう1人は家事全般をする女性、そして3人目は同居している息子夫婦と孫娘の世話をする女性です。

家事労働者のほとんどは女性です。雇い主の多くが、家事や子どもの世話は「女性の仕事」とみなしていること、給料が安くても文句をいわないこと、仕事が丁寧であることなどを理由に、女性を雇いたがるからです。

一方、雇われる側の女性たちからも、家政婦はもっとも望ましい職業として受け止められています。雇い主の家が職場であるため、見ず知らずの人に自分の姿をさらすことがなく、パルダの規範を守りながら働くことができるからです。

しかし、雇い主の家に住み込みで働く家政婦の雇用状況は深刻です。職場が家庭という閉鎖した空間であること、雇用者と家政婦の関係が対等でないことから、家族などから陰湿《いんしつ》ないじめや暴力をふるわれる事件が絶えません。ま

住み込みで働く家政婦の女性

た、家族の指示によって働くため、自由時間がなく四六時中働かざるを得ない状況におかれています。

農村から移住してきた女性たちが就ける仕事は、家政婦のほかには建築現場での肉体労働しかなく、職業選択の余地はほとんどなかったのです。

しかし、1980年代後半から、バングラデシュで縫製工場が操業しはじめると、縫製工場で女性の工員の数が増えました（第4章参照）。工場での仕事は、従来の家政婦や建築現場の労働とは異なるものでした。それは、毎月決まった額の給料をもらえ、決まった労働時間で働き、休日があり、さらには同じ境遇の女性たちといっしょに同じ場所で働くことができるというものでした。女性たちにとって同じ境遇の女性とともに働くことは、「力をつける」うえでとても大切なことでした。

最近、家政婦の仕事を好んでやりたがる女性が少なくなり、首都ダッカでは家政婦を探すのがむずかしくなったという声が聞かれます。裏を返せば、貧しい家庭の出身の女性たちが家政婦ではなく、縫製工場で働くことを希望していることの証《あかし》ともいえます。

袋詰めの作業をする女性工員たち

給料日、自分の名前を書いて、現金を受けとる女性

夫や家族からの自由を求めて

とはいえ、縫製工場での労働も過酷です。それでもバングラデシュの貧しい階層の女性たちが縫製工場で働きつづけたいと思うのは、働くことによって女性たちがさまざまな自由を得ているからです。

では、女性たちにとっての自由とは、何を意味するのでしょうか。それは、夫や家族からの自由です。バングラデシュでは、社会的にも経済的にも男性に比べて女性の地位が低く、女性は世帯主である男性（結婚前は父親、結婚後は夫）の決定に従います。とくに、離婚した女性や夫に先立たれた女性の社会的な地位はとても低く、婚家から追い出され、実家にも身を寄せることができず、路頭に迷う女性も少なくありません。彼女たちは社会的な地位が低いゆえに職業選択の幅が限られ、場合によっては職業に就くことすらできません。

縫製工場で働く女性たちに聞き取り調査をしていると、しばしばシングルマザー（母子家庭の母親）に出会います。女性たちは、シングルマザーであることを隠すとともに、なぜシングルマザーになったかをあまり語りたがりませ

給料をもらい、工場の前で買い物を楽しむ女性たち

ん。しかし彼女たちの話をよく聞いていると、つらい過去が見えてきます。

　チャンドナさん（30歳）は、離婚して今は独身です。首都ダッカから車で1時間ほど離れた日本企業の縫製工場で働いています。夫はある日突然、チャンドナさんを置き去りにしたまま、別の女性と重婚してしまったそうです。チャンドナさんには子どもがおらず、現在、弟といとこの3人で工場近くのアパートの一間で暮らしています。

　チャンドナさんは、クシュティア県で生まれ、中学校を卒業したあと、高校に進学する機会を与えられませんでした。中学を卒業したチャンドナさんは自宅で家事手伝いをしていました。そのあと結婚しますが、夫は十分に働きもせず、ほとんど家に帰ってくることもありませんでした。チャンドナさんは夫に頼ることをやめ、縫製工場で働くことを決めました。最初の工場では縫製工員として1年間働きましたが、待遇が悪く長つづきしませんでした。そのあと2つの工場で計5年ほど働き、今の工場に入社したのです。

　入社時は縫製工員として働きましたが、6カ月後にはサンプルマン*（サンプル作成者）に昇進しました。6カ月間サンプルマンとして働いたあとに、生産ラインを統括する監督に昇進しました。現在のチャンドナさんの給料は、月

ライン監督として女性工員に指導するチャンドナさん

＊サンプルマン：発注主に提出するサンプル商品をつくる工員。商品を発注する側は、その商品をきちんとつくれるかどうかを試すために発注工場にサンプル商品をつくらせる。この作業を2、3回くりかえし、問題がなければ正式に発注する。そのため工場の経営者は、サンプルマンにどの工員よりも手先が器用で作業が丁寧であることを求める。

1万タカ（約1万3400円）です。大学を卒業し靴工場で働く弟よりも、給料が高いそうです。チャンドナさんは、給料が高い分、責任のある仕事だといいます。

とくに、一般の工員が出勤する前には工場に到着していなければならず、帰宅時間は夜10時を過ぎることもあるそうです。さらに何か問題が起こったときには休日でも工場にかけつけなければならず、ほかの工員に比べて拘束時間が長いとも話します。しかし、チャンドナさんは今の仕事に満足し、夫や家族からの自由を得て、監督という仕事をつづけています。

第3章

世界一人口密度が高い国――バングラデシュ

ベンガル人の国――バングラデシュ

さて、ここまで縫製工場で働く女性たちの暮らしぶりを中心に紹介してきましたが、この章ではバングラデシュ*という国のことを紹介しましょう。国名のバングラデシュとは、ベンガル語でベンガル人の国（バングラ＋デシュ）を意味します。東南のわずかな地域をミャンマーと接する以外は、東、西、北の三方をインドと接しています（6ページ地図参照）。国土面積*は、北海道の2倍、日本の約5分の2です。この狭い国土に、1億4240万人（2011年時点）の人びとが住んでいます。日本の人口が約1億2690万人（2015年5月時点）なので、いかに人口密度が高いかがわかります。国民の99％はベンガル語を母語とするベンガル人で、そのほかにチャクマ族やガロ族などの少数民族がいます。

国民の9割がイスラム教徒

バングラデシュでは国民のおよそ9割がイスラム教徒で、圧倒的多数を占め

***バングラデシュ**：正式名称はバングラデシュ人民共和国。1971年に独立。

***バングラデシュの面積**：約14万7570平方キロメートル。

ています。宗教構成別でみると、イスラム教徒が89・7%、ヒンドゥー教徒*が9・2%、仏教徒が0・7%、キリスト教徒が0・3%となっています。公用語はベンガル語ですが、とくに高所得者の子どもが通うような私立学校では、英語で授業がおこなわれます。またテレビ番組は英語で放映されるものも多く、日常生活では英語が浸透しています。

バングラデシュは、2度の独立を経て1971年に建国された歴史の浅い国です。しかし、独立に至るまでの歴史は長く、そこにはたくさんの血と涙が流れました。

バングラデシュは、もともとインドのベンガル地方の一部でした。インドは長らくイギリスの植民地支配のもとにありました。1757年のプラッシーの戦い*でフランスに勝利したイギリスは、インド支配に向けての布石を打つと、1765年のイギリス東インド会社*によるベンガルの領有権獲得を機に植民地化を決定づけました。以降、インドの政治や経済のしくみは、イギリス東インド会社の思うとおりに変えられました。とくに、経済的な搾取は、かつての土地保有者や手工業者、職人たちを苦しめました。植民地支配がすすむにつれて、各地で反乱が起こるようになりました。

＊ヒンドゥー教：インドやネパールで信奉されている宗教の1つ。古代インドのバラモン教と民間信仰が融合して形づくられたもの。

＊プラッシーの戦い：1757年、インドのベンガル地方でおこった、ベンガル太守軍とイギリス東インド会社軍との戦い。ベンガル太守軍はフランス軍の支援を受けたが、イギリス軍に敗北。以降、イギリス東インド会社によるインド植民地支配がはじまる。

＊東インド会社：1600年12月31日、テューダー朝のエリザベス1世が、喜望峰以東のアジア地域の貿易を独占的におこなうことを目的として創設した特権会社。

中でも、1857年に東インド会社軍のインド人傭兵（シパーヒーあるいはセポイ）が蜂起してはじまったインド大反乱（セポイの乱）は、民衆を巻き込みながら広範囲にわたり、1年以上の間つづきました。結果的にこの大反乱は失敗に終わり、インドをめぐる統治はイギリス東インド会社からイギリス政府による直接統治へ変わりました。1877年、インド帝国すなわち英領インドの成立です。

しばらくすると、イギリスによる植民地支配に対する批判がインドの国内から出るようになりました。皮肉なことに、その批判は英語に堪能でイギリスの歴史をよく学んだエリートたちによるものでした。インドが貧しいままであるのはインドからイギリスに富が流出しているからであると指摘し、イギリスからの独立を求めました。

第一次世界大戦、第二次世界大戦という2度の大戦では、インドはイギリスの戦争に巻き込まれることになりました。イギリスからの独立を求める声は一部のエリート層にとどまることなく、民衆へと広がるようになりました。このインド独立運動の指導者として民衆から慕われたのが、マハトマ・ガンジー*です。独立運動は、何度も危機的な状況に陥り、中断することもありましたが、

＊マハトマ・ガンジー：1869年〜1948年。インドの政治指導者、思想家。本名はモハンダス・カラムチャンド・ガンジー。「マハトマ」とは尊称であり、「偉大なる魂」という意味。

「非暴力」を掲げるガンジーの行動は民衆を引きつけました。

最終的に、第二次世界大戦後の１９４７年、インドはイギリスからの独立を勝ち取りました。しかし、統一した独立国家とはならず、東西のパキスタンがインドと切り離される形で、（インドとパキスタンという）２つの独立国家が誕生しました。このとき、どちらの国家に属するかが宗教分布に従って決められたため、ヒンドゥー教徒が多く住んでいた地域（現在のインドの西ベンガル州）はインドに、イスラム教徒が多く住んでいた地域（東ベンガル、現在のバングラデシュ）はパキスタンに、それぞれ編入することになりました。その結果、新しく建国されたパキスタンは、インドをはさんで東西に１８００キロも離れた2つの地域（東パキスタンと西パキスタン）から構成されることになりました。西パキスタンが現在のパキスタン、東パキスタンが現在のバングラデシュです。両方ともイスラム教徒が国民の圧倒的多数を占める国です。

パキスタンから独立したバングラデシュ

しかし、新国家パキスタンは長くはつづきませんでした。宗教を同じくするという点を重視し、パキスタンに帰属することを決めた東パキスタンの人びとは、わずか24年という月日の後に、再び独立という新しい道を選択することになったのです。

　パキスタンの首都は西パキスタンのカラチにおかれ、政治のみならず経済を主導するのは西パキスタンでした。海外から受け入れた開発援助は、西パキスタンにつぎ込まれ経済開発がすすむ一方で、東パキスタンの開発は置き去りにされました。こうした状況の中で、当時のパキスタン総督であったジンナー*は、西パキスタンの共通語であるウルドゥー語こそがパキスタンの唯一の公用語であるべきだとする演説をしました。この演説は、東パキスタンの人びとの感情を逆《さか》なでするものでした。なぜなら、東パキスタンでは98％（1981年国勢調査）の人びとがベンガル語を話し、その長い歴史と伝統に対する愛着は消し去ることのできないものだったからです。

　また、ベンガル人詩人のラビーンドラナート・タゴール*がアジアではじめてノーベル文学賞を受賞（1913年）したことは、ベンガル語を母語とする東パキスタンの人びとにとってかけがえのない誇りでした。ジンナーの演説は東パキスタンの人びとにとって屈辱《くつじょく》的なものとして映り、これを機にベンガル

＊ムハマド・アリー・ジンナー：1876年～1948年。初代パキスタン総督。パキスタンでは「建国の父」「偉大な指導者」と呼ばれる。

＊ラビーンドラナート・タゴール：1861年～1941年。詩人・小説家・思想家。バングラデシュの国歌、「わたしの黄金のベンガル」を作詞・作曲。

語を公用語とするよう求める運動が広がりました。そして、1952年2月21日、ダッカ大学医学部の構内で公用語化運動に参加していた4人の学生が警官の発砲により死亡するという悲劇的な事件を機に、言語をめぐる運動は州の自治をめぐる運動へと変わっていきました。

1954年、東西パキスタン間の合意のもと、ウルドゥー語に加えてベンガル語も公用語とすることになりました。こうして公用語化問題は一応の決着をみたものの、ムジブル・ラフマン*が率いるアワミ連盟（バングラデシュの政党の1つ）による州自治運動は高まりを見せる一方でした。1966年2月に、ムジブル・ラフマンらは東パキスタンの自治を要求する「6項目綱領」を発表しました。中央政府はこの要求が隣のインドにそそのかされたものであるとして、ムジブル・ラフマンらを逮捕しました。その一方で、東パキスタンの自治要求は西パキスタンの反軍事政権と呼応しながら、支持を拡大していきます。1970年におこなわれた総選挙ではアワミ連盟が大勝し、国民議会の過半数を占める結果となりました。

これに対しヤヒヤ・ハーン*政権は1971年、東パキスタンの自治要求を軍事力で排除しようとしました。こうして東西パキスタンの間での内戦がはじま

公用語化運動がくり広げられた中心的な場所、ダッカ大学

＊ムジブル・ラフマン：1920年〜1975年。バングラデシュ初代首相。

＊ヤヒヤ・ハーン：1917年〜1980年。パキスタン第3代大統領。

りました。両者の争いはインドによる軍事的支援を受けた東パキスタンに軍配があがり、バングラデシュという国が誕生＊したのです。

揺らいだ、独立後の政治・経済

バングラデシュの人びとにとって夢にまでみた独立でしたが、独立後の現実は思い描いていたものではありませんでした。9カ月に及んだ独立戦争は、道路や橋、鉄道などのインフラを破壊しただけでなく、多くの有能な人材を失いました。こうした人材不足、国土の荒廃は、国家の経済機能を麻痺《まひ》させました。

バングラデシュの国のかじ取りを最初に任されたのは、アワミ連盟党首のムジブル・ラフマンでした。ラフマンは、インドやソ連を模範とする「社会主義型」の社会づくりをすすめました。しかし、経済復興は思うようにはすすみませんでした。加えて、1973年の石油危機＊にともなって物価は高騰《こうとう》し、バングラデシュの人びとの生活は苦しくなるばかりでした。さらに追い打ちをかけたのは、1974年にバングラデシュを襲った大洪水でした。こうした状況の中で、ムジブル・ラフマン政権に対する信頼は揺らぎ、同政権内の役人やラフ

＊バングラデシュの誕生： 1971年12月16日、パキスタン軍が降伏し、独立戦争に勝利。

バングラデシュのお札にも描かれている、独立記念塔

＊石油危機： オイルショック。石油輸出国機構（OPEC）が原油生産の削減と価格の大幅引きあげをおこなったことから、とくに、石油をおもなエネルギー資源とする先進諸国に与えた経済的混乱のこと。1973年の第一次と1979年の第　次の2度経験する。

マンを中心とした閥族《ばつぞく》支配に対する批判が噴出《ふんしゅつ》しました。1975年8月15日、ムジブル・ラフマンとその親族は、軍のクーデターによって殺害されるという結末を迎えました。

ムジブル・ラフマンの死後も、バングラデシュの政治は軍人を中心とするめまぐるしい権力闘争により、不安定な状況のままでした。そして、実質的な政権運営がなされたのは、軍人であったジアウル・ラフマン*が大統領に就任した1977年のことでした。以降、バングラデシュではそのあとのエルシャド*政権終了までの14年弱、軍人主導の政権がつづきました。しかし、ジアウル・ラフマンもまた、対抗勢力のクーデターによって暗殺されました。

政治の混乱は、経済の停滞を招きました。工業化はすすまず、もっぱらバングラデシュの経済を支えていたのは農業でした。とりわけ、バングラデシュの商品作物として知られるジュート*は、外貨を獲得するうえで欠かせないものでした。東パキスタン時代（1949／1950年統計）、輸出総額の93％をジュートが占めており、モノカルチュア経済*を代表する産品でした。このジュートの輸出比率はバングラデシュの独立以降、徐々に下がりますが、1980年代半ばまでジュートに依存する経済のしくみは残りました。

＊ジアウル・ラフマン：1936年～1981年。バングラデシュ第7代大統領。

＊エルシャド：1930年～。バングラデシュ第10代大統領。

＊ジュート：黄麻、別名をインド麻。穀物を入れる袋や包装布などに用いる。

＊モノカルチュア経済：モノ（mono）は「1つ（単一）」、カルチュア（culture）は「栽培」を意味する。一般的には、国内の生産や輸出が数品目の限られた農産物や鉱物資源に大きく依存している経済のことを指す。典型的な事例は、スリランカの紅茶、キューバの砂糖、ガーナのココアなど。今日の多くの発展途上国の経済構造に該当する。

現在でも、バングラデシュは国民のおよそ半分が農業に従事する農業国です。米のほかにも、小麦や菜種・からし菜、砂糖キビや豆類、野菜や果物などの農産物が生産されています。こうした状況に変化が見られるようになるのが、1980年代の半ば以降のことです。バングラデシュへ外国企業が進出し、これを機に輸出向けの縫製産業がつぎつぎと出現しました。このことについては第4章でくわしく紹介します。

2人の女性首相

長期政権を築いたエルシャド大統領が1990年に退陣したあとから現在まで、バングラデシュの政権を担っているのは2人の女性*です。1人はシェイク・ハシナ、もう1人はカレダ・ジアです。バングラデシュでは、1991年の憲法改正を経て1975年以来の議院内閣制への転換を成し遂げ、今日まで選挙によって内閣の構成員を決め、首相を選出しています。バングラデシュでは、政治の民主化が形のうえでは実現しています。

2人は、バングラデシュの2大政党*の党首です。女性の自由な活動が制限さ

建築家ルイス・カーンが設計したバングラデシュの国会議事堂

＊政権を担う2人の女性：首相の任期は5年。2人の女性が5年ごとに交代しながら政治を動かしている。
・第1期カレダ・ジア政権（91～96年）
・第1期シェイク・ハシナ政権（96～01年）
・第2期カレダ・ジア政権（01～06年）
・第2期シェイク・ハシナ政権（09～13年）
・第3期シェイク・ハシノ政権（14年～）

れ、男性と比べて地位が低いとみなされてきたバングラデシュの女性像とはかけ離れた存在といってもよいでしょう。*

シェイク・ハシナは、バングラデシュ建国の父、ムジブル・ラフマンの長女です。ダッカの女子大イーデン・カレッジ在学中に、原子力科学者であるM・A・ワジェド・ミアと結婚し、卒業後は、専業主婦として家庭を支えました。

ハシナの運命が一変したのは、1975年8月のことでした。首都ダッカのダンモンディにある私邸にいた、父、母、そして3人の弟をふくむ、家族全員が何者かによって殺害されたのです。当時、外国にいたハシナは暗殺されずに済みました。その後の6年間、ハシナは夫と2人の子どもとともにインドで「国外追放」の日々を過ごしていましたが、1981年、アワミ連盟の総裁に担《かつ》ぎあげられ、政界入りを果たしました。

一方のカレダ・ジアは、1977年から大統領に就任したジアウル・ラフマンの妻です。もともと軍人であったラフマンと結婚したのは、カレダが10年生を修了したばかりのときだったといわれています。そのあと2人の息子をもうけますが独立戦争がはじまると、ムジブル・ラフマンの名のもとに独立宣言を発したジアウル・ラフマンの妻として、身の危険を感じるようないくつもの事

シェイク・ハシナ現首相

（出典）http://japanese.newstime.jp/?p=1508#

＊**2大政党**：バングラデシュには2つの大きな政党がある。1つがアワミ連盟、もう1つがBNP（バングラデシュ民族主義党）である。

参考文献

＊**『政治を司る2人の女性』**：村山（1995）参照。

件を経験します。

1977年のジアウル・ラウマン大統領就任以降は、ファースト・レディとしての公務に従事する以外は、ほとんど公の場に出ることはなかったそうです。ジアウル・ラフマンの死後も、当初はバングラデシュ民族主義党（BNP）の総裁選に出馬することに躊躇《ちゅうちょ》していたそうですが、党内の対立が激化したため入党し、1984年に党の総裁に就任しました。

元首相の娘と元大統領の妻という政治経験の乏《とぼ》しい2人が、党内の勢力争いをおさえるために、党首に担ぎあげられた格好《かっこう》といえるでしょう。こうした共通点をもつ2人ですが、仲は決してよいとはいえません。とくに、シェイク・ハシナは、父親の暗殺に、ジアウル・ラフマンが関与していたのではないかと考えており、その妻カレダ・ジアに対する憎しみは相当なものです。そのため、2つの党が互いに協力しあってバングラデシュをよくしようとしたことはほとんどありません。結果として、2大政党が交代で政治を動かしていますが、どちらがやってもあまり変わらないと、呆《あき》れ顔で話すバングラデシュの人はたくさんいます。党の利益、個人の利益を中心としたバングラデシュの今の政治は、本当の意味での民主化とはほど遠いでしょう。

カレダ・ジア前首相

（出典）http://japanese.newstime.jp/?p=5639

第4章

バングラデシュが世界の縫製工場になったわけ

韓国企業「大宇」の進出

バングラデシュが位置する東ベンガル地方は、16世紀から19世紀にかけて綿製品の代表的な生産地として知られていました。とくに、首都ダッカで織られていた綿布、ダッカ・モスリンは、繊細かつ極薄で「最高級の織物」といわれ、海外（とくにイギリス）にも輸出されました。しかし、産業革命にともないイギリスで綿紡績産業が起こると、ダッカ・モリスンは衰退の一途をたどります。そして、その後の英領インド時代、パキスタン時代、１９７１年のバングラデシュ独立後の地域経済を支えたのは原料ジュートとその関連産品でした。* しかし、いずれの時代も民間企業による製造業の発展はほとんど見られませんでした。

こうした土壌のもとで、輸出向けの縫製産業はそれまでとはまったく異なる形で起こりました。バングラデシュにおける縫製産業の展開を見るうえで重要なのが、外国企業の存在です。中でも韓国企業、大宇《デウ》*の果たした役割は大きなものがありました。

「幻の布」となったダッカ・モスリンに代わり、現在でもダッカ郊外のショナルガオで製作される極薄の綿織物、ジャムダニ織

＊バングラデシュの産業発展史：参考文献 村山・山形編（２０１４）参照。

＊大宇（デウ）：韓国の財閥系企業グループ。現代（ヒュンダイ）グループ、三星（サムスン）グループと並び、韓国の三大財閥の1つであったが、１９９９年、経営悪化を理由に解体。

大宇はバングラデシュの国鉄に鉄道車両を販売するなど商社として活動をしていましたが、政府の元上級役人であったヌルル・カデル・カーンとの出会いをきっかけに、1979年に縫製事業を開始しました。大宇がバングラデシュへ進出した理由は2つあります。

1つ目の理由は、当時の韓国では経済発展にともない、人件費が上昇していたことです。縫製産業はたくさんの労働者を必要とする産業の典型です。企業の経営者は、少しでも人件費が高くなれば経営上の負担を感じて、より人件費の安い地域や国に工場を移そうとします。韓国に比べて、バングラデシュは格段に賃金が安かったのです。

2つ目の理由は、多角的繊維協定（MFA）*の存在です。多角的繊維協定とは、繊維とアパレル商品に関する秩序ある貿易をすすめることを目指す国際協定（「国際繊維貿易に関する協定」）を意味し、1974年にGATT*（関税と貿易に関する一般協定）体制のもとで成立しました。戦後の世界貿易はGATTの発足とともに原則自由であることが目指されましたが、繊維とアパレル商品については例外的な措置として扱われました。

当時、輸出競争力のあった韓国はMFAの対象国とされ、欧米諸国から衣類

＊多角的繊維協定（MFA：Multi-Fiber Arrangement）：1973年、約50カ国が締結、1974年に発効。2005年1月1日撤廃。**参考文献** ジェトロ（2004）参照。

＊GATT：1948年に、IMF（国際通貨基金）、世界銀行とともに戦後の国際経済体制を支えるものとして発足。自由貿易の推進、国際貿易の拡大を目指す国際経済協定。1995年、WTO（世界貿易機関）設立にともない、GATTはWTO協定に受け継がれた。

の無制限の輸出を禁じられました。そこで、韓国企業はＭＦＡの対象国とされていない国に工場を移し、衣類を製造することで、制限を受けることなく欧米諸国へ衣類を輸出することをもくろんだのです。

大宇は、バングラデシュで工場を稼働する前に１３０人のバングラデシュ人を自社の釜山《プサン》工場に送り込み、７カ月間の集中研修を施《ほどこ》しました。これまで輸出向けの商品をつくったことのないバングラデシュ人に、輸出品を製造するうえで必要な技術や知識を、実地訓練によって教え込んだのです。大宇は集中研修に必要な経費のほとんどを負担したとされ、派遣された１３０人のうちの14人は女性であったといわれています。彼女たちがその後の縫製産業における女性の就労に少なからず影響を与えたことは疑うまでもありません。

７カ月の訓練を終えてバングラデシュに帰国した１３０人の研修生は、デシュ・ガーメンツ社*の立ちあげに携わります。１９８０年には、４５０台のミシンを配備し、５００人の労働者を雇用し、輸出向けの衣類製造を開始しました。大宇は、デシュ・ガーメンツ社を稼働したあとも韓国人技術者を送るなどして、バングラデシュでの技術向上にとりくみつづけました。

これに加えて、これまで国際市場とのつながりがなかったデシュ・ガーメン

＊デシュ・ガーメンツ社：１９７７年設立のバングラデシュの企業。１９７８年、大宇と技術協力・マーケティング協定を結び、飛躍的な成功を遂げる。バングラデシュの最初の輸出志向型縫製企業として知られる。

ツ社は、大宇という企業ブランド、さらには大宇がもつ国際的なネットワークを活用することで、自社商品を海外でも販売することを可能にしました。こうしてデシュ・ガーメンツ社の業績は伸びつづけました。

その成功は、多くのバングラデシュ人の民間企業家が縫製事業をはじめる意欲をかきたてました。この動きをさらに後押ししたのが、バングラデシュ政府による工業政策の転換でした。１９８０年代に入ると、政府は財政上の負担を軽減するために、独立直後から採用してきた国家主導による工業政策から、民間企業を中心とした工業政策にかじを切り替えていきました。

同時に、これまで制限してきた外国企業を積極的に受け入れるようになりました。外国企業がもつ技術やネットワークを生かした、輸出産業の振興を重視したからです。中でも、縫製産業に対しては、法人税や関税を免除するなどの優遇策を導入し、経験の乏しい企業家でも開業しやすい環境を整備しました。こうして1977年にはわずか9しかなかった縫製工場の数は、５６００（２０１２年）まで増加しています。

現在も建物が残るデシュ・ガーメンツ社

世界第2位の衣料品輸出国にまで成長した理由

工場の数の増加とともに、輸出額も増加しつづけます。１９８５年には、アメリカ、イギリスなどが、バングラデシュをＭＦＡの対象国とし、輸入枠（クォータ）*を課すという事態になりました。バングラデシュからの衣料品の輸入量が増えつづけることを各国が懸念したからです。

バングラデシュにとって輸入枠を設定されることは、縫製産業そのものを衰退させる危険をはらんでいました。新興の企業家によってはじめられた縫製工場は、まだまだ脆弱《ぜいじゃく》だったからです。縫製産業の事業者団体である、バングラデシュ縫製品産業・輸出業者協会（ＢＧＭＥＡ）*による懸念の表明もあり、１年あまりで輸入枠は撤廃されました。

２００１年のアメリカ同時多発テロ事件や２００８年のリーマンショック*が起こったときバングラデシュの衣料品の輸出額は減少しています。バングラデシュにとって最大の輸出先はアメリカであり、アメリカ国内で大きな事件が起こると、直接その影響を受けてしまいます。しかし、それは一時的な現象にと

＊輸入枠（クォータ）：輸入品目の数量を制限すること。

＊バングラデシュ縫製品産業・輸出業者協会（ＢＧＭＥＡ）：Bangladesh Garment Manufacturers and Exporters Associationの略。１９８２年設立。バングラデシュ最大の縫製産業事業者団体。

＊リーマンショック：２００８年、アメリカのリーマンブラザーズの破綻とその後の世界を揺るがす金融危機のこと。２００７年頃から、低所得者向けの住宅ローン、サブプライム・ローンを借りた人びとが住宅ローンを返済できない状況が相次ぎ、アメリカでバブルが崩壊する。ニューヨーク証券取引所の株価大暴落により、世界的に金融危機が広がった。

どまり、2013年時点で衣料品の輸出額は210億5000万ドルに達しています。この額はバングラデシュの総輸出額のおよそ8割に当たります。縫製産業が、バングラデシュにとって外貨を獲得するうえでとても重要な産業であることの証《あかし》です。

現在、バングラデシュは中国に次ぐ世界第2位の衣料品輸出国となり、バングラデシュでつくられた衣料品が世界中に販売されています。では、なぜ世界第2位の衣料品輸出国にまで成長することができたのでしょうか。

第1の理由は、安い労働力が豊富に存在することです。

ジェトロ（日本貿易振興機構）の調査*によれば、バングラデシュの製造業における作業員の月額基本給は86ドルです。これは、調査対象国の18カ国中もっとも低い金額です。

第2の理由は、若い労働力が豊富に存在することです。

1億4240万人の人口のおよそ半分が25歳以下の若者です。縫製業はたくさんの若い労働力を必要とします。人件費の安さに加えて、募集するとたくさんの若い工員が集まることが非常に重要なポイントになります。

第3の理由は、労働者の手先の器用さです。

＊ジェトロの調査：「在アジア・オセアニア日系企業実態調査」（2013年度）参照。

とくに、女性は細くて長い指を細やかに動かし、ミシンを操作します。日本人技術者は、バングラデシュの女性工員が縫製する手つきを見つめながら、「日本人の手つきと非常に似ている」「仕事が丁寧だ」と話していました。

バングラデシュの女性が手先が器用であるのには、理由があります。バングラデシュでは、伝統的に「カンタ*」と呼ばれる刺し子をつくる慣習があります。つくり手は階層、宗教、年齢を問わず女性で、母親から娘へとその技術が幼少期から伝承されます。よいカンタをつくる娘は理想的な嫁になるといわれ、縫製工場で働く年頃にはすでに一通りの裁縫技術が身についています。手先の器用さに加えて、忍耐強く従順であることから、縫製工場では女性を雇いたがります。

バングラデシュの縫製工場で働く人の数は４００万人にのぼるといわれ、そのうちの８割が女性です。それも大半が10代から20代と、とても若いのです。こうして企業は高い技能を発揮する女性労働者を、きわめて安いコストで雇いつづけることができるのです。

＊カンタ：ベンガル語で「刺し子のふとん」を意味する。着古したサリーやルンギ（おもにイスラム教徒の男性が着用する腰巻布）などの薄い木綿布を4、5枚重ね、その全面を覆うように白糸で平縫いしたもの。カンタを商品化したものが、ノクシ・カンタである。ノクシはベンガル語で「模様の」を意味する。色とりどりの刺繍と華やかなデザインが施されている。 参考文献 五十嵐（２００９）参照。

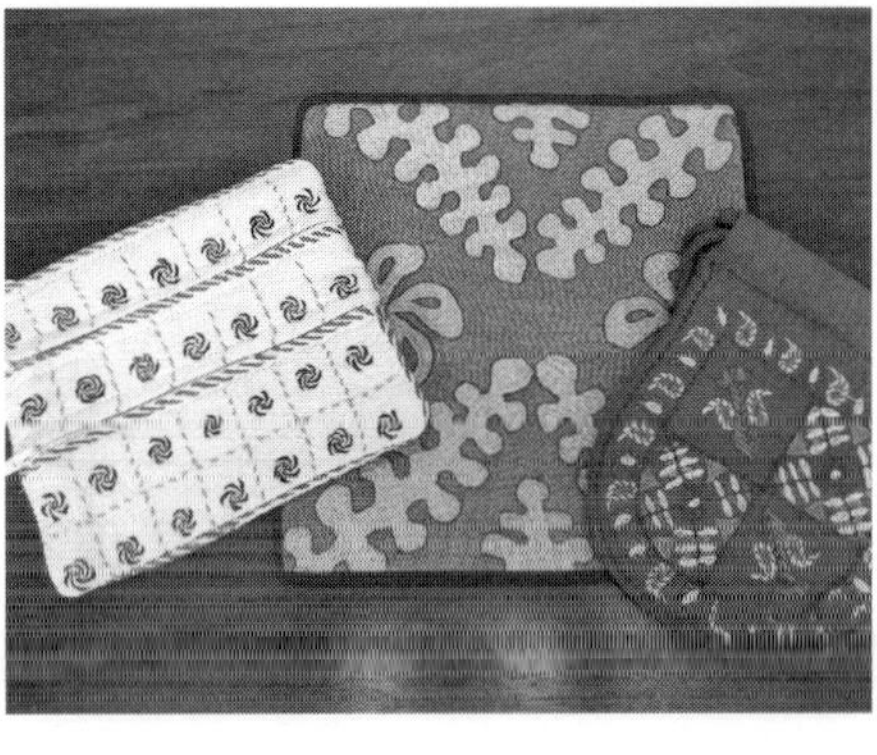

バングラデシュのお土産品として人気の高い、ノクシ・カンタ

村の自宅でノクシ・カンタをつくる女性（ジョソール、1999 年）写真提供：五十嵐理奈

劣悪な労働条件と職場環境

このような条件を備えたバングラデシュの工場には、世界中から衣類生産の注文が殺到します。縫製工場の経営者たちは、納期の厳しい無理な注文に応えるため、労働者の権利をあとまわしにして工場を操業します。このため劣悪な労働条件と職場環境は改善されないままです。

バングラデシュの労働法では、最低賃金*以下で雇うことの禁止、1日8時間以上の就業禁止*、1週間に1・5日の休日（商業分野の従業員）を設けることなどを定めていますが、それらが守られていないのが実状です。夜の9時を過ぎても、ダッカ市街の工場のあちこちからは、煌々《こうこう》と明かりが漏れ、ミシンをふむ音が鳴り響きます。

日常的に長時間労働はおこなわれ、残業をしたにもかかわらず、残業代がきちんと支払われないという訴えをたびたび耳にします。規模の大きな工場よりは小さな工場のほうが、輸出加工区*の中にある工場よりは輸出加工区の外にある工場のほうが、また、外国企業が経営している工場よりもバングラデシュ人

*　**最低賃金**：1985年にはじめて最低賃金（月額）が定められ、これまでに1994年（930タカ）、2006年（1662・5タカ）、2010年（3000タカ）、2013年12月（5300タカ）の4回、改定されている。

*　残業：労働法では、2時間の残業、1日最高10時間の就労が認められている。

チッタゴンの輸出加工区の正面入り口

椅子に座ることなく、出荷前の点検作業をする女性工員たち

が経営している工場のほうが、問題はより深刻です。

わたしが調査した現地のバングラデシュ人が経営している小規模な工場では、空調設備がなく、室温と湿度が耐えられないほど高く、ミシンの騒音もひどいものでした。工場内には、糸くずや布の切れ端などが散乱していました。換気設備も十分ではありません。またトイレからは悪臭がただよい、その数は従業員の人数に見合ったものではありません。ランチルーム、医務室や休憩室、託児所を完備している工場はごく限られていました。労働法では、経営者には労働者の健康と衛生、安全を守る義務を課していますが、現状の対策はほど遠いものです。

このような工場で長期間働いていれば、病気（頭痛・貧血・呼吸器疾患《しっかん》など）にかかるのも無理はありません。縫製工場労働者の罹病率《りびょうりつ》は高く、病気を理由に働けなくなってしまうケースも多発しています。

度重なる工場火災と倒壊事故

劣悪な職場環境は、ときに重大な事故につながります。バングラデシュで

＊**輸出加工区**：開発途上国でみられる輸出向けの工業団地。関税や法人税の免除、投資業務の窓口を一元化するなど、いくつもの優遇措置を設けることで、多国籍企業の誘致をすすめ、輸出向け商品の生産をおこなう。

輸出加工区の近くでは、規格外で輸出できない商品が安い値段で売られている

は、たびたび工場火災や倒壊事故*が起こっています。工場火災の被害が深刻だったのが、２０１２年11月に起きたタズリーン・ファッション社の事件です。死者１１２人、負傷者２００人を出したとされ、バングラデシュでもっとも大規模な工場火災とされています。アメリカの小売り企業ウォルマート・ストアーズ*やウォルト・ディズニー社*などが、タズリーン・ファッション社を下請工場として使っていたことが明らかになり、国際的な問題になりました。

バングラデシュで工場火災が頻繁に発生し、犠牲者が多数出る原因として、①火災に対する防止措置が十分でない、②工場に消火器などの消火用具が設置されていない、③工場経営者や責任者が避難誘導をしない、④労働者の火災に対する知識が不足している、といったことが指摘されています。また、多くの工場では、盗難を防止するため日常的に門に鍵をかけており、火災が起きたときに、工員が逃げ遅れる原因になっています。

工場火災に加えて、倒壊事故も深刻です。２００5年4月11日、首都ダッカから北西に30キロあまりのところにあるスペクトラム社の縫製工場が入っていたビルが倒壊しました。違法建築が原因のこの事故は、死者64人、負傷者80人という大惨事でした。この教訓が生かされないまま、再び悲劇は起こりました。

＊工場火災と倒壊事故：CBC NEWS, Timeline : Deadly factory accidents in Bangladesh, 参照。

＊ウォルマート・ストアーズ：アメリカのアーカンソー州に本社を置く、世界最大のスーパーマーケットチェーン。売上高で世界最大の企業。

＊ウォルト・ディズニー社：アメリカのカリフォルニア州に本社を置く、エンターテインメント会社。おもに、ミッキーマウスやドナルドダックなどのアニメ映画、漫画、おもちゃ、衣類などの製作やテーマパークの経営をおこなう。

止められなかったビル崩落の悲劇

２０１３年４月24日午前8時45分、首都ダッカで、５つの縫製工場が入るラナ・プラザ*という8階建てのビルが突然崩落しました。死者数は１１３７人にものぼりました。

ビル崩落の予兆は前日からあり、工員たちは崩落の危険性を感じとっていました。ビルに大きな亀裂が入っており、警察は翌日の操業中止を勧告していました。当日の朝、３６３９人の工員は建物が壊れるのではないかと怖がり、中に入ることを拒否しました。しかし、ビルの中に入っていた5つの縫製工場は操業を強行しました。ビルの所有者であるサヘル・ラナは、工員たちを棒でたたきながら中に入るよう強要したといわれています。さらに工場経営者や管理職は、「仕事に戻らなければ、4月の給料を支払わない」と脅したといいます。

午前8時、いつもどおり工員たちは仕事をはじめました。しかし、そのわずか45分後、電気が一斉に消え、８階建てのビルは大きな音を立てて、瞬《また》く間に崩れ落ちてしまったのです。

***ラナ・プラザ**：ダッカ近郊の町サバールにあったビル。ラナというビル名は、このビルの所有者の名前に由来している。ラナ・プラザの事故の詳細は、Institute for Global Labour and Human Rights,'Rana Plaza：A look back, and forward' 参照。

バングラデシュの首都ダッカ近郊サバールで崩落した縫製工場ビルの救助作業
(2013 年 4 月 25 日撮影) ⓒ AFP ＝時事

わたしは、事故から1年4カ月経った2014年8月に崩落事故の現場を訪ねました。事故の現場は整地されており、跡形もない状態になっていました。その事故現場には、犠牲者を悼《いた》むモニュメントが建てられていました。

そのモニュメントのそばで理髪店を営む男性がいました。わたしが仕事の様子を見ていると、お客さんの髪を切りながら、その男性は話しかけてきました。縫製工場で工員として働いていた奥さんを事故で亡くしたというのです。

髪を切る男性の様子をじっと見つめながら、おとなしく椅子に腰をかけている女の子がいました。男性はわたしに向かって、「まだ幼い娘を男手一つでどうやって育てていったらよいのか……、妻を亡くした悲しみは1年経っても消えることはない」と訴えました。

当時、工場から見舞金の支払いはなく、生活するためには働かなければなりません。とはいえ、幼い娘を1人で家において働くことはできないので、それまで勤めていた理髪店を辞め、自分で理髪店をはじめたというのです。妻のことを思いつづけるために、事故現場の目の前で店をはじめたといっていました。

1100人を超える死者に加えて2500人もの負傷者を出したこの事故は、どうして起きたのでしょうか。

ラナ・プラザ崩落事故の犠牲者を悼むモニュメント

ラナ・プラザ事故で妻を亡くした男性と幼い娘

もともとこのビルは商業用の建物で、工場設備の重さに耐えられる構造になっていませんでした。それにもかかわらず、1つの階には500人の工員とその数とほぼ同数のミシンが並べられていました。ビルの所有者が違法と知りながらビルの建て増しをしていたことも指摘されています。

崩落事故を受けて工員たちは抗議のデモをおこない、ビルの所有者と工場の経営者たちを逮捕するよう、政府に要求しました。ビル崩落事故の原因が明らかになると批判が高まり、事故の4日後、ビルの所有者と工場の経営者は逮捕されました。さらに、崩落した建物の中から欧米の大手アパレル企業*のタグが発見され、その責任を問う声が高まりました。

問われるべき責任は、誰にあるのか?

この事故の責任は誰にあるのでしょうか。まず指摘されるべき人物は、ビルの所有者であったサヘル・ラナ、そして工場の経営者や管理職たちでしょう。ラナは、建築基準を十分に満たしていないビルを貸していました。また崩落の危険性を認識しながらも、工員たちに「このビルは安全である、壊れること

デモ行進に参加するダッカ大学の女子学生たち

＊**欧米の大手アパレル企業**：ラナ・プラザビルでは5つの工場が操業しており、ベネトン（イタリア）、プライマーク（アイルランド）、マンゴ（スペイン）をはじめとする27のブランドの商品が製造されていたといわれている。

はない」と虚偽の説明をくり返していました。工場の経営者や管理職は、ビルに入ることを拒否した工員たちを、「1カ月分の給料を与えない」といって脅しました。このような行為は、安全な労働環境を保障する義務を放棄したもので、みすみす工員たちを見殺しにする行為であったといえるでしょう。

バングラデシュにはイギリス植民地時代から、工場の雇用に関する法律*がありました。2006年には25の法律を1つにまとめ、労働法を制定しました。この労働法は特定の事業所を除き、すべての事業所を対象にしています。1993年には、建築基準法も制定されています。このように労働法や建築基準法があるにもかかわらず、ビルの所有者や工場の経営者がきちんと守っていない状況は非常に問題です。

なぜ、バングラデシュの政府は、法律に違反する経営者を取り締まったり、罰則を科したりしないのでしょうか。実は、バングラデシュでは、ビルの所有者や工場の経営者が政治家であるというケースが珍しくありません。*つまり、取り締まりをするべき政治家が、工場の経営者でもあるのですから、工場経営にとって都合のよい政治がおこなわれてしまうのです。

工場の建設や設備にそれほど費用をかけなくて済むわりには、大きな利益を

＊工場での雇用に関する法律： 参考文献 粟津（2014）参照。

＊工場の経営者と政治家の関係： Open Security, 'Reason and responsibility: the Rana Plaza collapse 参照。

生み出す縫製工場の経営は、政治家の大きな収入源になっているといわれています。本来、国民が人として生きる権利を保障するべき政府が、それをないがしろにしているとすれば、重大な問題です。

下へ下へと向かう圧力

バングラデシュの縫製工場の調査をおこなってきたわたしには、忘れられない出来事があります。

熟練工員のマジェダさん*が、ラインの監督にこっぴどく叱られているシーンを目撃したときのことです。マジェダさんは工場の中でも熟練度が高く、監督の要請にもすぐに対応できる優秀な女性です。監督はマジェダさんの言動が気に障ったのか、罵声《ばせい》を浴びせていました。

昼休みを告げるチャイムが鳴り、工員たちが一斉にランチルームに向かいましたが、マジェダさんは1人ミシンの前に座り、涙をぬぐっていました。わたしは、マジェダさんのことをほかの女性工員とは異なり、自立心の高い女性だと思い、ひそかに彼女のことを応援していました。マジェダさんの涙を流す姿

＊マジェダさん：21ページ参照。

を見て、わたしも悲しくなりました。そしてマジェダさんの口から、「もう辞めたい」という言葉が発せられたときはとてもショックでした。

わたしは、マジェダさんを叱りつけた監督のもとに行き、「なぜマジェダさんを泣かせるようなことをしたのか」と問い詰めました。すると監督は、「彼女にあんな言葉をかけるつもりはなかったのです。しかし、バイヤー*が提示してきた納期は明日です。工員には、とにかく早くたくさんの量をこなしてもらわなければならないのです。もし、この納期に間に合わせることができなければ、今度はわたしが工場の経営者にこっぴどく叱られます」といいました。

わたしはこのとき、ハッとしました。マジェダさんを叱った監督も、工場の経営者に叱られると知ったからです。そうであれば、工場の経営者も納期を守らなければ発注者（先進国企業）から叱られるかもしれません。それだけではなく、もうこんな工場には仕事を頼まないとして契約を打ち切られる、というひどい仕打ちを受けることも考えられます。

先進国企業の力は絶対的です。この力は、工場の経営者から生産現場で指揮を執《と》る監督へ、監督から工場で働く女性工員へというように、下へ下へと向かいます。そして、もっとも苦痛な状況におかれるのは、マジェダさんのような

＊バイヤー：工場からすれば買い手。ここでは発注者の先進国企業を指す。

女性工員です。彼女たちは声をあげることができず、涙を流してじっとがまんするしかないからです。

こうした状況をふまえて、もう一度ラナ・プラザ事故のことを考えてみましょう。工場へ製品を発注する先進国企業は、バングラデシュの政府や企業を黙らせるほどの圧倒的な権力や支配力をもっています。

ビルの所有者であるサヘル・ラナが違法であると知りながらも工場を建て増ししていたこと、また工場の経営者が危険性を知りながらも工員を無理やり働かせていたこと、その背景にはそうでもしなければ注文をこなせない状況があったことを、わたしたちは理解しなければなりません。

バングラデシュには世界中から衣料品の注文が相次いでおり、無理をしてでも生産しなければならない深刻な事情があります。とくに、2008年のリーマンショック以降、中国が「世界の工場」から「世界の市場」へと、世界経済における位置づけを変えつつあります。それにともなって、中国では急速に労働者の賃金が上昇しています。こうした人件費の状況を見越した先進国企業は、これ以上中国での賃金があがりつづければ、安い衣料品を製造することはできないとして、発注先を中国からバングラデシュへと切り替えたのです。

先進国企業は、非常に低い生産価格を提示し、「この価格で生産できなければ注文を与えない」「この日までに生産できなければ、契約を停止する」などとバングラデシュの工場経営者を脅し、厳しい納期と安い生産コストを強要します。ここには、明らかに、先進国（企業）が権力を行使し、途上国（企業）はそれに従うという、主従の関係が見てとれます。

そしてもう一歩進んで、先進国の企業がこのような行動を選択しているのはなぜでしょう。それは、先進国の消費者、すなわちわたしたちの欲望をかなえるためです。問われるべき責任は、安い洋服を求めるわたしたちにもあるといえるでしょう。わたしたちが安い洋服を追い求めるあまり、１１００人以上のバングラデシュの人びとの尊い命が奪われたのです。

禁じられている児童労働だけど……

バングラデシュの労働法では、12歳以下の児童の就労は、いかなる分野であっても禁じられています。一方で、14歳から18歳までの青少年に対しては、健康状態に問題がないという公式な証明書や書類をもっていれば、就労を認めています。ちなみに、国際労働機関（ＩＬＯ）は、15歳未満の青少年の就労を禁止*していますが、バングラデシュはこのＩＬＯ条約を批准していません。バングラデシュ統計局がおこなった児童労働調査（２００２年から２００３年）によれば、５歳から14歳の13・４％に当たる４７０万人が働いているとされています。

バングラデシュの児童労働が国際的な問題として表面化したのは、１９９０年代前半に、ある縫製工場で14歳以下の児童の就労が報告されたことでした。*この報告によって、とりわけアメリカで児童労働に対する批判が高まり、バングラデシュ製品の不買運動が起こりました。１９９２年には、児童労働によってつくられた製品をすべて輸入禁止とする法案がアメリカの上院に提出されました。*

この法案に敏感に反応したのは、縫製産業の事業者団体であるＢＧＭＥＡ*でした。この法案によって、最大の輸出先であるアメリカへの輸出量が減少することを恐れたからです。ＢＧＭＥＡは、14歳以下の児童労働者を、突然解雇しました。この措置により、１９９２年に、４万から５万人いた縫製工場で働く14歳以下の児童は、翌年には約１万人にまで減少したといわれています。

さらに、ＢＧＭＥＡは１９９４年10月31日までに縫製工場の児童労働を全廃

＊国際労働機関（ＩＬＯ）による15歳未満の青少年の就労の禁止：「就業が認められるための最低年齢に関する条約」（第138号）。

＊バングラデシュの縫製産業における児童労働の問題： 参考文献 市來（2010）、Unicef and ILO,（2004）参照。

＊バングラデシュ縫製産業の児童労働問題とアメリカの対応について： 参考文献 延末（1996）参照。

＊ＢＧＭＥＡ： 64ページ参照。

することを目標とし、対応に当たりました。これに反対したのが、ユニセフ*でした。子どもたちを何の補償もないままに突然解雇すれば、その収入を頼りにしている家族の暮らしが脅かされ、児童をさらに危険な労働に向かわせてしまうことを危惧《きぐ》したからです。

ユニセフは、ＩＬＯとともに、解雇された子どもとその家族に適切な措置*をとったうえで、徐々に子どもの就労を禁じるよう、ＢＧＭＥＡに申し入れをしました。最終的には、ＢＧＭＥＡがそれを受け入れる形で、一応の決着をみました。しかし、依然として縫製工場における児童労働の問題は解消されていません。

世界的なアパレルメーカー*は、バングラデシュでの児童労働の問題が明るみになることを嫌がります。「本来働くべきでない児童を酷使している」という評判が、彼らのブランドイメージを傷つけるからです。そのため、自社が直接発注している工場で子どもを働かせていないかどうか、厳しくチェックしています。しかし、その下請け、さらにそのまた下請けの工場まではチェックが及びません。ビルの一区画で、20人程度の縫製工員を雇って操業しているような小さな工場では、幼い顔つきの子どもの姿を見かけることもあります。

＊ユニセフ（UNICEF）：国連児童基金。世界中の子どもたちの命と健康を守るために活動している国連機関。1946年設立。世界190カ国で活動をおこなっている。

＊適切な措置：たとえば、解雇された子どもを適切な教育プログラムに参加させるとともに、その子どもたちに毎月の手当を支給することや、解雇した子どもの仕事を家族の中で資格のある人に与えることなど。

参考文献 市來（2010）参照。

＊世界的なアパレルメーカー：GAP、ZARA、H&M、ユニクロなど（第5章参照）。

第5章 ファストファッションが日本に届くまで

わたしたちを魅了するファストファッション

さて、ここで視点を変えて、バングラデシュの縫製工場に発注している先進国のアパレル企業の事情を考えてみたいと思います。

ファストファッションとは、最新の流行を取り入れながら（＝早い）、低価格（＝安い）の衣料品を大量に生産し、販売するファッションブランドやその業態のことを指します。「早くて安い」ファストフードになぞらえて、そう呼ばれるようになりました。

「ファストファッション」という言葉が日本に定着するようになったのは、スウェーデンのアパレル企業Ｈ＆Ｍが、２００８年9月に東京の銀座に日本第1号店を開店したことがきっかけです。当時、新聞やテレビでは「欧州の黒船ついに到来！」と銘打って、欧州系の格安ファッションブランドの初出店の模様を大々的に報じました。初日だけで８３００人が来店したといわれ、大きな注目を集めました。

翌年４月にはアメリカ・ロサンゼルスの格安ファッションブランド、ＦＯＲ

ＥＶＥＲ21が原宿に日本第1号店を開きました。日本への進出が早かった、アメリカのＧＡＰやスペインのＺＡＲＡ、そして日本のユニクロが日本のファッションの発信地である銀座や原宿で大型店を開店すると、格安ファッションブランドは、瞬《また》く間に一大ブームとなりました。

ファストファッションは一時の流行に終わらず、若い女性を中心に圧倒的な支持を得ています。それほどまでにファストファッションが支持される理由は、どこにあるのでしょうか。

わたしは、「あらゆる人に最新のおしゃれを楽しむ機会を与えていること」だと思います。これまで、最新の流行を備えたおしゃれな洋服を身につけることができたのは、経済的に余裕のある一部の人びとに限られていました。しかし、ファストファッションは、中学生や高校生でもお小遣いを貯めて買えるほどの手頃な価格*で最新のおしゃれを楽しむ喜びを与えることに成功したのです。

低価格競争の中から生まれたファストファッション

ファストファッションが支持されている背景をもう少しくわしく見ていく

***手頃な価格**：Ｈ&Ｍの場合、Ｖネックのブラウスが１４９０円、ショート丈のスカートが８９９円、デニムのジャケットが２９９０円といった具合。

と、日本の経済状況と関連していることがわかります。ファストファッションの人気があがりはじめた２００８年は、ちょうどリーマンショック*をきっかけとしたグローバル金融危機の時期と重なります。

金融危機は震源地のアメリカにとどまらず、ヨーロッパ、日本へと波及しました。日本経済は、それまで自動車や電気製品といったものを欧米諸国へ輸出することにより、なんとか成り立っていました。しかし、買い手であった欧米諸国で、金融危機が起こり、モノが売れなくなると、日本経済は大打撃を受けました。

日本企業はあらゆる手段でこの危機を乗り切ろうとしました。真っ先に手をつけたものの1つが、派遣労働者*の契約を打ち切ることでした。

２０１４年の厚生労働省の発表によれば、雇用者に占める非正規雇用で働く人びとの割合は37・4％を数えます。また、正規雇用で働く人びとにもリストラが横行し、賃金は年々下がりつづけ、決して安心できる状況ではありません。

こうした中で、わたしたちは節約志向を強めていきます。企業はそうした消費者の状態や心理を読み取り、価格の安い商品をどんどん売り出すようになりました。その先駆けが、ユニクロです。２００９年3月、ユニクロの姉妹ブ

＊リーマンショック：64ページ参照。

＊派遣労働者：派遣先の指揮命令を受けて働く人のこと。派遣労働とは、人材派遣会社に雇用された労働者が、労働者派遣契約（派遣契約）を結んでいる会社へ派遣されて働くこと。

ランドであるGUが990円のジーンズを発売し、話題を呼びました。この990円のジーンズは、日本の大手小売業界に大きなショックを与えました。小売企業は、安い商品を販売することに必死です。同年8月にイオンが880円のジーンズを、10月には西友が850円のジーンズを、そして大型ディスカウント店を展開するドン・キホーテが690円のジーンズを販売する始末です。ファストファッションは、低価格競争の申し子なのです。

ファストファッションを代表する世界のアパレル企業

ファストファッションは、価格が安いことと商品展開が非常に速いことが特徴です。次から次へと価格の安い、最新ファッションが店頭に並びます。ここでは、日本の若い女性になじみ深い6つの世界的ブランドを紹介しましょう。

・H&M（エイチ・アンド・エム）

ファストファッションブランドの代表的な企業の1つです。1947年、婦人服店、ヘネス（Hennes）を、スウェーデンで創業*したのがはじまりです。

*H&Mの創業：創業者はアーリング・パーション。1968年に狩猟用品店、マウリッツ・ウィドフォースを買収し、これを機にヘネス&マウリッツと改名。現在のブランド名「H&M」はこれに由来する。

参考文献　鳥羽（2012）参照。

株式上場をきっかけにヨーロッパ内で事業を拡大し、そのあと世界規模で事業を展開しています。現在は婦人服に加えて、紳士服や子ども服も取り扱っています。2013年度の世界の衣料品専門店の売上高ランキングでは、(ZARAを傘下にもつ)インディテックス社に次いで第2位です。

・GAP(ギャップ)

1969年創業*のアメリカ最大の衣料品小売企業です。アメリカのカジュアルスタイルを象徴するブランドで、手頃な価格で流行に左右されない定番の洋服を提供することに定評があります。サンフランシスコに本社を構え、日本への進出は、1994年に「ギャップジャパン株式会社」を設立したことにはじまります。ギャップ社は、ほかにもオールド・ネイビーやバナナ・リパブリックなどのブランドを展開しています。

・FOREVER21(フォーエバー・トゥエンティーワン)

1984年創業*、ロサンゼルス生まれの衣料品小売企業です。企業名は、永遠の21歳のスピリット(精神)をもった顧客に、流行りの洋服をリーズナブルな価格で届ける企業目的を表しています。1989年にアメリカの大手ショッピングモールに初出店を果たし、2001年からは大型店舗を全米各地に出店

GAPの銀座店

＊GAPの創業：ユダヤ系アメリカ人のドナルド・フィッシャー、ドリス・フィッシャー夫妻により創業。本文記述は2012年の年次報告書参照。

FOREVER21の渋谷店

＊FOREVER21の創業：韓国系アメリカ人、ドン・チャンが韓国系移民の若者向けにブランドをつくったのがはじまりとされる。創業当初の企業名は、「FASHION21」。本文記述は会社ウェブサイト参照。

しました。その後は、毎年平均90店舗を開設することを目標に業績を伸ばしています。

現在、アメリカを含む全世界で５００店舗を運営しています。２０１０年４月には松坂屋銀座店内に大型店舗を開店しました。最高級ブランド、グッチが入っていた貸店舗であったこともあり、注目されました。

・ZARA（ザラ）

１９７５年創業、スペインのインディテックス社*が展開するファッションブランドの１つで、２０１３年度の世界の衣料品専門店の売上高ランキング第１位です。ＺＡＲＡは、顧客の嗜好《しこう》の変化をくみ取り、最新のトレンドを反映した商品を幅広い層を対象に提供することを基本戦略にしています。企画・生産・流通・販売に至るまでの時間は平均で15日という驚異的な速さを実現し、年間の販売商品数は3万種にのぼります。全世界に１９９１店舗（２０１４年時点）を展開し、日本国内で90店（２０１４年時点）を運営しています。

・ユニクロ

ファーストリテイリングの完全子会社で、低価格のファッションビジネスを展開する日本の先駆的企業です。１９８４年、広島市に第１号店を出店して以

＊インディテックス社：スペインに本社をもつアパレル企業。**参考文献** 久保（２０１１）、齊藤（２０１４）参照。

ＺＡＲＡの銀座店

ユニクロの銀座店

降、郊外にロードサイド型の店舗*を多数出店することによって、急成長を遂げました。日本最大のファッションブランドで、欧米のブランドが追求するファッション性に加えて、品質や着心地のよさ、機能性も兼ね備えた商品を低価格で販売することに定評があります。

１９９８年に１９００円で販売したフリースが話題になり、その名は日本全国に知れわたるようになりました。その後も、ヒートテックやダウンジャケットと目玉商品を提案し話題を集めています。２０１３年８月期末時点で、ユニクロの事業店舗数は１２９９店舗で、国内には８５３店舗、海外に４４６店舗あります。

・ＧＵ（ジーユー）

ファーストリテイリングの完全子会社で、２００６年、ユニクロのノウハウを継承し、ユニクロよりも価格の安いブランドとして立ちあげられました。*「ファッションを、もっと自由に。」をコンセプトに、とくに、10代から20代の若者を対象としたファストファッションブランドとして人気を集めています。知名度が高まったきっかけは、２００９年3月に発売した「９９０円ジーンズ」で、これを皮切りに、９９０円の商品ラインを充実させています。２０１４年

＊ロードサイド型の店舗：幹線道路など交通量の多い道路に面して設置される店舗。本文記述は企業ウェブサイト参照。

＊ＧＵ：本文中の記述は企業ウェブサイト参照。

ＧＵの銀座店

11月時点で、国内、海外店舗を合わせて300店舗を展開しています。

毎日1300点の新商品が入荷するからくり

ファストファッションを扱う企業名をあげてみると、すっかりわたしたちの生活になじみ深い存在になっていることに気づきます。みなさんの中にも、お気に入りのブランドがあり、足しげく通っている人がいるかもしれません。

ファストファッションの代表的ブランドの1つ、H&Mの店舗に足をふみ入れると、価格の安さとともに、流行を先取りする商品が多数並んでいることに気がつきます。H&Mの店舗では、1日平均1300点もの新商品が投入され、年間に生み出される商品アイテムは50万点*にのぼるといわれています。

なぜ、毎日新しい商品を入れるのでしょうか。それには理由があります。そうすることで最新の流行を取り入れたいと思う消費者（とくに、若い女性）の欲求を満たすとともに、商品がすぐに入れ替わるために、今購入しなければ永遠に手に入らないという気持ちを喚起しているのです。こうしてわたしたちは、知らず知らずのうちにH&Mの店舗に足を運ぶことになるのです。

出荷を待つ洋服の山

*年間に生み出される商品アイテム：参考文献　鳥羽（2012）参照。

しかし、そもそもどうしてファストファッション企業は毎日のように新しい商品を仕入れて、店頭に並べることができるのでしょうか。H&Mの事例*から考えてみましょう。

H&Mの商品調達の速度がとても速いわけは、H&Mが採用しているSPA*という業態にあります。簡単にいえば、自社で商品（自社ブランド）を企画して、委託工場で生産し、自らのチェーン店で販売する、小売の業態です。自社で商品の企画から販売までをおこなうことから、顧客の情報を素早くつかんで、商品をすぐに提供することが可能になります。また、このシステムを採用することで、在庫を極限までおさえることにも成功しています。

H&Mでは、ストックホルムの生産管理事務所に100人ほどのデザイナー、パタンナー*、バイヤー*がいて、彼/彼女らが、世界のファッションのトレンドを研《と》ぎ澄《す》まされた感性でつかみ、年間50万点もの商品を開発しています。最先端の流行を反映した商品の場合、企画から店頭販売までにかかる日数は最短で2週間ほどといわれています。

企画から販売を自社で一貫しておこなっていると紹介しましたが、生産部門については少し説明が必要です。H&Mが取り扱う商品は、アジアとヨーロッ

＊H&Mの事例： 参考文献 鳥羽（2012）参照。

＊SPA（Speciality store retailer of Private label Apparel）： 一般的には「製造小売」と呼ばれる。商品の企画、開発、素材の調達、製造（縫製）、物流、そして販売までのすべての工程を自社でおこなう業態のこと。GAPが自社の業態を説明する言葉として用いたのがはじまりとされる。現在ではH&MやZARA、ユニクロなどもこの業態を導入。多くが、製造の部分を委託していることから、「自社ラベル製品小売」と表記するほうが適切である。参考文献 佐山・人枝（2011）参照。

＊パタンナー： デザイナーが描いたデザイン画を服にするために型紙におこす職種。

＊バイヤー： 取引メーカーや卸売業者と価格、数量などを交渉し、商品を買いつける職種。

ニット（編立て）工場で働く女性工員

パの30カ国で生産されていて、すべて委託生産です。747の供給業者と取引関係を結び、下請業者も含めて1652の契約工場に商品の生産を委託しています。

GAPやユニクロなど、SPAの業態を導入しているアパレル企業は、基本的にこの委託生産方式を採用しています。自社工場をもたないことがSPAの特徴で、つぎからつぎへと新しい商品を提供できる秘密でもあるのです。

安価な商品がつくられるからくり

ファストファッションの魅力は、なんといってもその価格の安さです。590円のTシャツ、990円のジーンズ、カーディガンなど1000円以下で購入できる商品はたくさんあります。バーゲンセールではさらに値下げされます。そんな商品を見るとわたしたちはついうれしくなり、買ってしまいます。立ち止まって、なぜこんなにも安いのか考えてみましょう。

1つは、SPAの業態によるものです。企画から販売を1つの企業が単独でおこなうため、本来必要とするコストを支払う必要がありません。徹底的に流通部分の合理化を図ることで、価格をおさえることに成功しているのです。

もう1つの理由は、低価格の洋服のほとんどが海外で生産されているということです。もし、あなたのクローゼットの中にファストファッションのブランドの洋服があれば、洋服の表示ラベルを見てください。表示ラベルには、以下の4つの記載が法律で義務づけられています。

①洗い方やアイロンのかけ方などを示した取り扱い絵表示
②どんな繊維が入っているか、その混用の割合を示した組成表示
③表示した人の氏名や名称、住所などを示した表示者名
④原産国表示

ここで注目するのは④の原産国*です。海外生産の場合には、日本生産に比べて半分以下くらいの製造費におさえられます。洋服を生産するとき、原料費、設備や機械の費用のほかに、工場で働く工員などに支払う人件費が必要となります。洋服のようにたくさんの人手を必要とする産業の場合、この人件費の割合が大きくなります。そのため、企業は人件費の総額をおさえようとして、賃金の安い国ぐにで生産するようになります。

表①は一般の労働者の1カ月の基本給を示したものです。日本に比べて、バ

*原産国：衣類の場合、「原産国」とは、衣類の材料（生地や糸など）の産出国ではなく、その商品の内容について「実質的な変更をもたらす行為」、つまり縫製（ミシンなどで縫い合わせて衣類などをつくること）がおこなわれた国のこと。

表①　ワーカー（一般工職）月額基本給

ダッカ（バングラデシュ）	86ドル
ハノイ（ベトナム）	155ドル
マニラ（フィリピン）	272ドル
上海（中国）	495ドル
ソウル（韓国）	1851ドル
東京（日本）の製造業の作業員（一般工職）	2523ドル

（出典）日本貿易振興機構（ジェトロ）海外調査部『第24回アジア・オセアニア主要都市・地域の投資関連コスト比較』（2014年5月）より作成。

ングラデシュのダッカやベトナムのハノイでは、基本給が著しく低いことがわかります。海外生産される洋服は、ファストファッションだけとは限りません。わたしたちが日本国内で買う洋服の実に95・4%（数量ベース）が海外からの輸入品だと推計されています（図①参照）。つまり、家中の洋服をすべて取り出して、表示ラベルを調べてみたとして、すべてが外国製であってもそれほど不思議なことではないのです。

移り変わる生産地

日本が輸入している衣類（洋服）は、どこの国のものが一番多いと思いますか？

表②を見てください。２００７年から２０１３年まで、中国からの衣類の輸入量がもっとも多いことがわかります。２０１３年には輸入比率は75・9%にもなっています。中国に次いで輸入量が多い国は、ベトナムです。そのあとに、インドネシア、バングラデシュ、ミャンマーがつづきます。しかし、いずれの国も、中国と比べれば輸入比率がきわめて小さいことがわかります。

図①　衣類の輸入浸透率（単位：%）

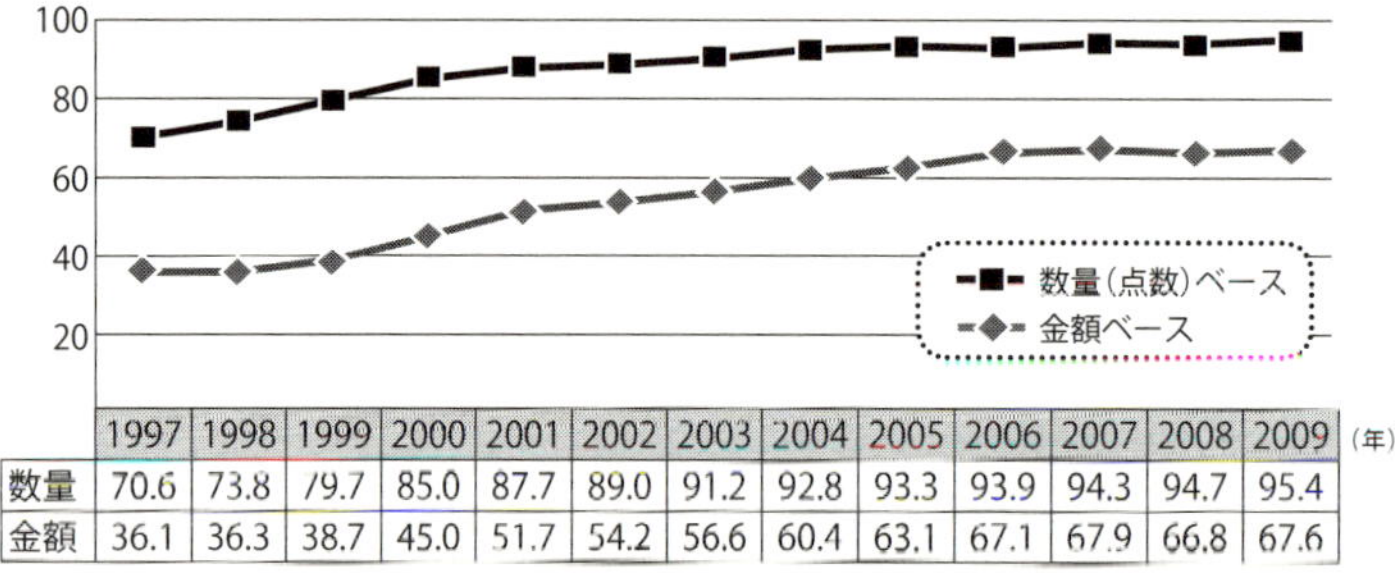

	1997	1998	1999	2000	2001	2002	2003	2004	2005	2006	2007	2008	2009（年）
数量	70.6	73.8	79.7	85.0	87.7	89.0	91.2	92.8	93.3	93.9	94.3	94.7	95.4
金額	36.1	36.3	38.7	45.0	51.7	54.2	56.6	60.4	63.1	67.1	67.9	66.8	67.6

（出典）片岡進「繊維産業の現状及び今後の展開について」、経済産業省繊維課、2013年
http://www.meti.go.jp/policy/mono_info_service/mono/fiber/pdf/130117seisaku.pdf

もう少し表②を注意深く見てみると、中国の比率が２００７年から年々低下していることに気づきます。一方で、輸入比率を年々増加させている国がバングラデシュです。

最近まで、日本のファッション業界ではバングラデシュの知名度はあまり高くはありませんでした。なにしろ日本の隣には、「世界の工場」中国の存在があったからです。しかし、２００４年以降、高い経済成長を記録している中国で労働者の賃金があがりはじめると、アパレル企業を中心に中国よりもさらに賃金の安い国へ生産地を移す動きがみられるようになりました。とくに、２００８年11月、ユニクロを運営するファーストリテイリングの代表取締役会長兼社長である柳井正氏が、「バングラデシュを第２の生産基地にしたい」と発言したことは、日本の中小企業に影響を与えました。以降、バングラデシュは衣料品の生産国として一躍注目される存在になりました。

９９０円のジーンズがつくられるまで

バングラデシュで生産されるジーンズは、日本ではおどろくほどの低価格、

表②　日本の衣類輸入状況

	比率（%）	順位						
	13年	13年	12年	11年	10年	09年	08年	07年
中国	75.9	1	1	1	1	1	1	1
ベトナム	6.8	2	2	2	2	2	2	2
インドネシア	4.4	3	3	3	3	3	4	4
バングラデシュ	3.1	4	4	6	6	6	7	8
ミャンマー	3.1	5	5	4	5	5	5	5
インド	1.9	6	6	5	4	4	3	3
カンボジア	1.7	7	8	8	8	8	12	20
タイ	1.0	8	7	7	7	7	6	6
フィリピン	0.2	10	13	12	13	12	11	11
スリランカ	0.2	9	12	15	11	16	15	15
中国比率（%）	—	75.9	78.6	81.4	85.6	87.3	88.6	90.0
バングラデシュ比率（%）	—	3.1	2.7	2.0	1.5	1.1	0.5	0.3

（出典）財務省『貿易統計』より作成。数量ベースで算出。

990円で売られています。日本企業のバングラデシュ工場で生産されているジーンズの製造工程を追いかけてみましょう。

ジーンズを生産するために必要な生地やボタンなどの原材料のほとんどは、中国などの他国から輸入しています。船便で中国から輸送された生地などの原材料は、バングラデシュの最大の船着き場、チッタゴン港に到着します。到着後は、陸路で首都ダッカまで運び込まれます。

ジーンズは、11もの製造工程を経てつくられます（図②参照）。まず、生地にキズや色のむらがないか、機械を使い検査します（第1工程）。生地は中国などから輸入するため、輸送のときにキズがついていないか入念に確認します。検査が終わると、生地を縮ませるために洗浄・乾燥させます（第2工程）。寸法の誤差を少なくするためのひと手間が重要です。

つぎに、裁断機を使って数十枚重ねた生地を型に合わせて裁断します（第3工程）。裁断機は重いので、作業をするのは男性です。裁断したあとに、もう一度生地の面積が大きいパーツを人の目（大半は女性）で再検査します（第4工程）。裁断した生地を各パーツの縫製レーンへ運び、ミシンを使ってジーンズの形に縫いあげます（第5工程）。縫製し終えたジーンズは、印や糸くずな

チッタゴン港の船着き場に積まれるコンテナ

図②　ジーンズをつくる 11 の製造工程

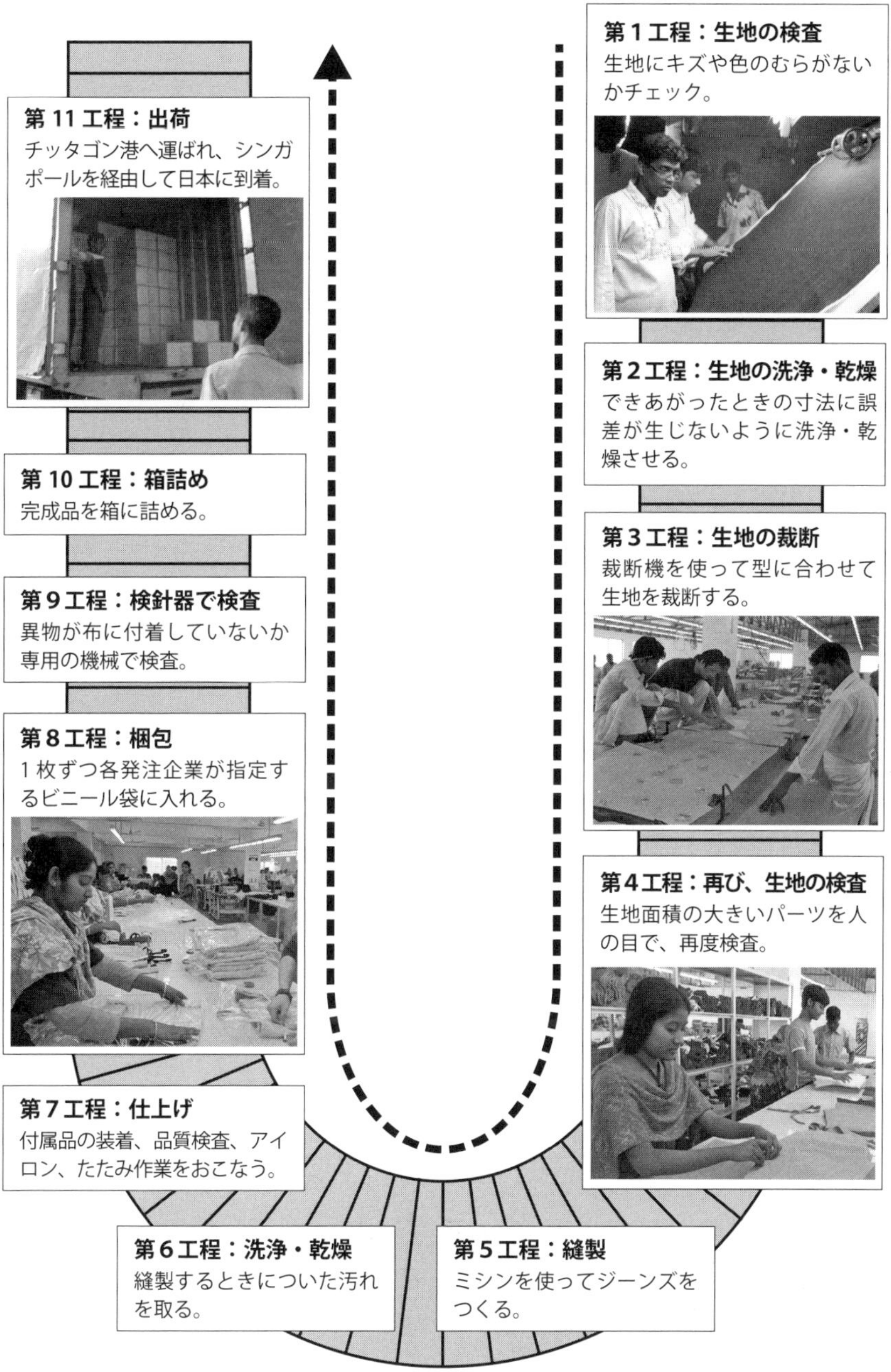
第 1 工程：生地の検査
生地にキズや色のむらがないかチェック。
第 2 工程：生地の洗浄・乾燥
できあがったときの寸法に誤差が生じないように洗浄・乾燥させる。
第 3 工程：生地の裁断
裁断機を使って型に合わせて生地を裁断する。
第 4 工程：再び、生地の検査
生地面積の大きいパーツを人の目で、再度検査。
第 5 工程：縫製
ミシンを使ってジーンズをつくる。
第 6 工程：洗浄・乾燥
縫製するときについた汚れを取る。
第 7 工程：仕上げ
付属品の装着、品質検査、アイロン、たたみ作業をおこなう。
第 8 工程：梱包
1 枚ずつ各発注企業が指定するビニール袋に入れる。
第 9 工程：検針器で検査
異物が布に付着していないか専用の機械で検査。
第 10 工程：箱詰め
完成品を箱に詰める。
第 11 工程：出荷
チッタゴン港へ運ばれ、シンガポールを経由して日本に到着。

ど汚れがついているので、もう一度洗浄・乾燥させます（第6工程）。

最後に、ボタンなどの付属品をつけ、品質検査します（第7工程）。1枚ずつアイロンがけをし、きれいにたたみます。梱包（第8工程）し、検針器で針など異物が残っていないか検査（第9工程）したあと、完成品を箱に詰めます（第10工程）。そして、いよいよ各国の注文先に向けて出荷です（第11工程）。

さらに、第5工程の縫製をくわしく見ると、たくさんの人の手によって1枚のジーンズがつくられていることがわかります。図③は、日本企業のバングラデシュ工場の縫製フロアーの様子を示したものです。フロアーには、3つのレーン（前パンツのレーン、後ろパンツのレーン、合わせのレーン）からなるラインが2つ（A-1組とA-2組）あります。

各レーンの最後尾には、ライン検品係が1人配置されています。このライン検品係が、不良品に対処する最初の任務を果たしています。不良個所をレーン上で発見すれば、その時点で不良個所をつくった工員を特定し、その場で修正させます。ここで不良品をうまく見つけられなければ、不良品の発見、修正に余計な時間を費やすことになります。合わせレーンのライン検品まで終われば、フロアー最終検品まで運びます。

山積みの洋服に囲まれて作業をする女性工員たち

図③　第５工程：縫製フロアー

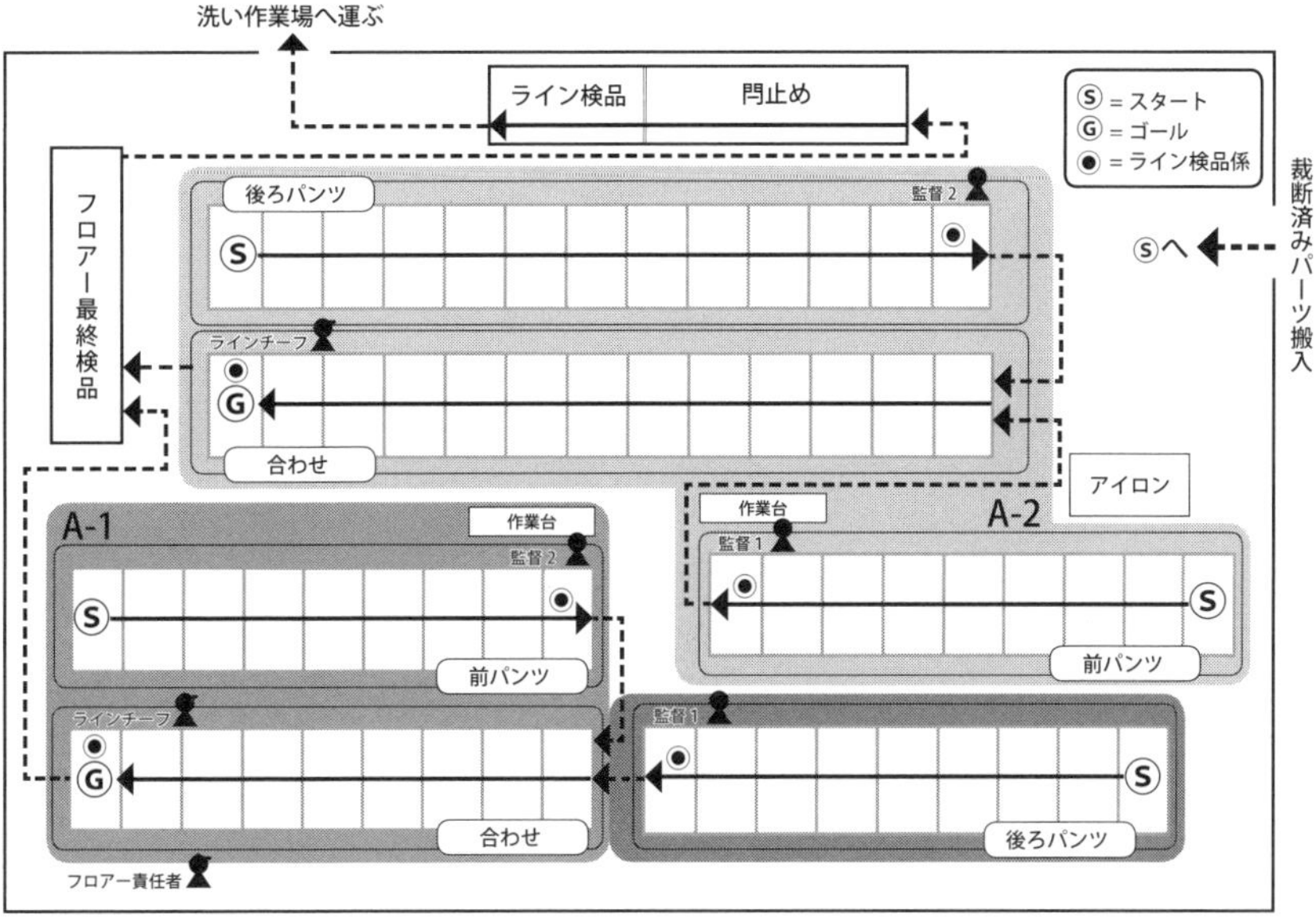

監督（右奥の男性）の指示に従いながらミシンを操作する女性工員たち

ここで再度品質検査作業をおこない、問題がなければ閂《かんぬき》止め工程（ほつれ防止のための補強作業）へ移ります。閂止めの作業が終われば、品質検査をし、洗い、乾燥、仕上げ作業へとすすんでいきます。

さて、みなさんは1枚のジーンズを縫製するのに必要な工程はどれくらいあると思いますか？　わたしの調査では、前パンツのレーンでは17工程、後ろパンツのレーンでは24工程、合わせのレーンでは25工程もあることがわかりました。1枚のジーンズを縫製するのに合計66工程も必要でした。内ポケットやサイドポケットが複数ついており、縫製は想像以上に複雑です。

バングラデシュの工場では、ほとんどの場合1人の工員が1工程を担当しています。さらに、複雑な縫製を担当する工員には、その作業を補助する工員（補助工員）が1人つきます。こうした点をふまえれば、1枚のジーンズを縫製するには、およそ70人の工員の手を必要としている計算になります。

大量に捨てられる衣料品と環境への負荷

たくさんの工員によってつくられた衣料品の行き着く先はどこでしょうか。

２００４年の衣料品の廃棄の状況から考えてみましょう。日本の繊維の総消費量（1年当たり）は、約２０６万トン（衣料品は１４４万トンで70％を占める）ですが、このうちの１９４万トン近くが廃棄*されます。この廃棄分のうち、１２６万トンが家庭から出される衣料品とされています。

家庭から出た衣料品は、どのような末路をたどるのでしょうか。表③を見てください。中古衣料品などとしてリユースされるのは全体の18％、反毛《はんもう》*の原料やウエス*としてリサイクルされるのが5％です。残りの77％はごみとして廃棄されています。スチール缶のリサイクル率が92・9％（２０１３年度）、ペットボトルが85・8％（２０１３年度）*と比べると、衣料廃棄物のリサイクル率が異常に低いことがわかります。

さらに、おどろくべきことは、家庭から出る繊維製品のごみのうち、衣料品の割合が7割を占めている現状です。石川県立大学の高月紘教授の論文で用いられている京都市の調査によれば、２００８年の家庭から出される繊維製品のごみのうち、「衣料身の回り品」が71・6％を占めています（１０４ページ図④参照）。１９９４年にはこの比率は50・8％だったので、わずか14年の間に20％近くも増加したことになります。とくに、ジャケットやズボン、スカート

*日本の繊維廃棄量：参考文献　木村（２０１０）参照。

*反毛：毛織物や毛糸のくずなどを機械で処理し、原毛の状態に戻したもの。

*ウエス：機械の油ふきなどに使われる布。

*日本のリサイクル率：スチール缶リサイクル協会ウェブサイト参照。

表③　衣料廃棄物のゆくえ

使い終わった衣料品のゆくえ		量（万ton）	%	
リユース	小売店の引き取り	0.8	1	18%
	リサイクルショップ販売	3.3	3	
	ネットオークション販売	1.7	1	
	他人への譲渡	6.1	5	
	ボロ選別業者→中古衣料（海外）	9.6	8	
	ボロ選別業者→中古衣料（国内）	0.7	0	
リサイクル	ボロ選別業者→反毛原料	2.4	2	5%
	ボロ選別業者→ウエス	3.8	3	
ごみ		97.7	77	
衣料品排出量合計		126.1	100	

（出典）木村照夫、「衣類の消費と廃棄・循環の実態と課題」、2010年に加筆・一部改変。

などの外衣、セーター・シャツ類が増えています。これは5年、10年と大切に着ていた衣類を1シーズン着ただけでごみに出してしまう生活スタイルが定着している証《あかし》かもしれません。

衣類が家庭ごみとして捨てられているということは、単にごみの量が増えるという問題にとどまりません。石油などを原料にした化学繊維の比率が高まっているため、焼却したときに出る二酸化炭素や窒素酸化物などが環境に負荷を与えています。

また、生産するときにも同じように環境への負荷が大きいことに注意を払う必要があります。衣料品の製造エネルギー（ジャケット190kcal／g・ブラウス96kcal／g）は、アルミ缶（37kcal／g）やペットボトル（19kcal／g）よりも数倍高いと指摘されています。

こうして考えてみると、わたしたちが安いからといって、洋服を購入して、短期間のうちにごみに出してしまうような生活スタイルは、めぐりめぐってわたしたちの生活を居心地の悪いものにするばかりでなく、わたしたちが暮らす地球環境にも悪影響を与えていることになるのです。

図④　繊維製品の用途別排出状況（湿重量比）

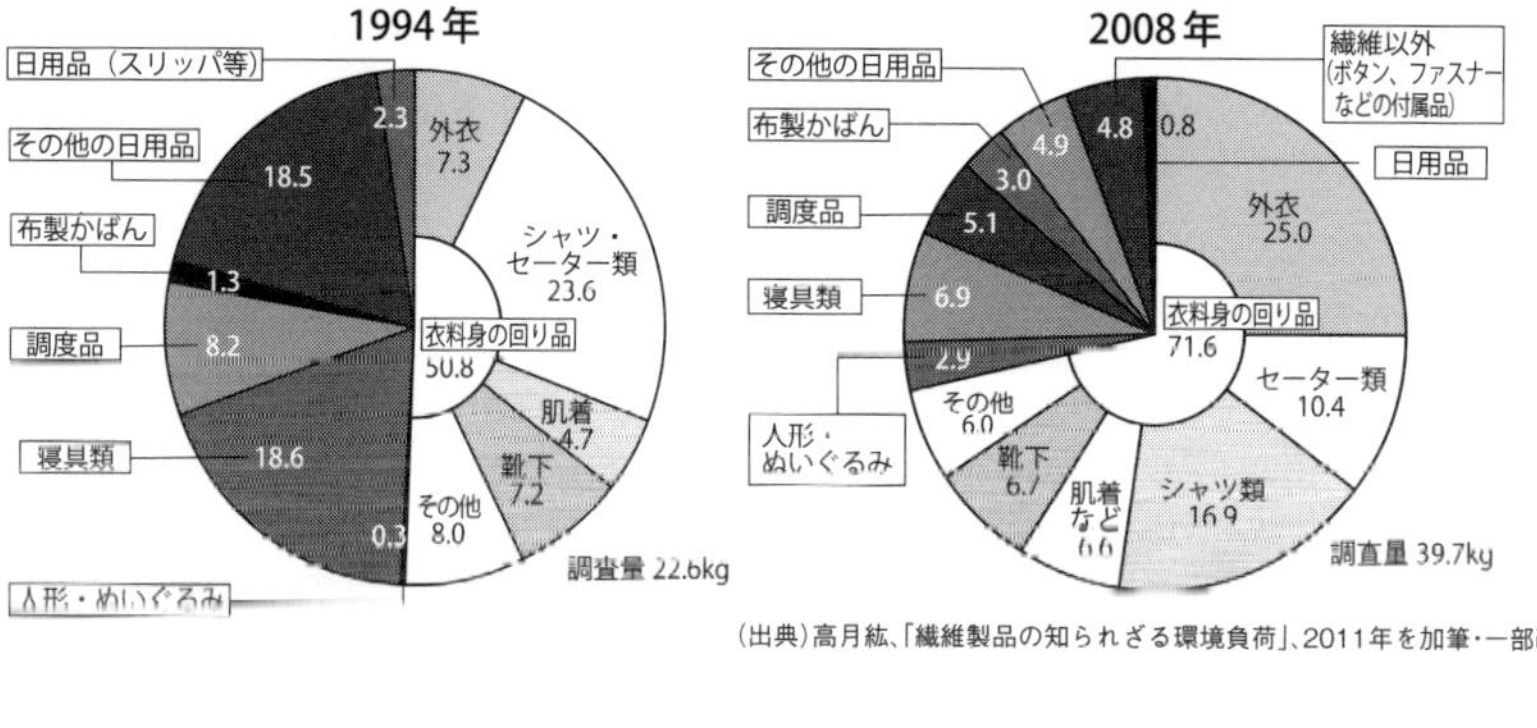

（出典）高月紘、「繊維製品の知られざる環境負荷」、2011年を加筆・一部改変。

第6章
スウェットショップの喜べない現実

各国にある過酷な縫製工場——スウェットショップ

縫製工場の中で過酷な労働が強要されている状況は、必ずしもバングラデシュに限った話ではありません。

スウェットショップ（Sweatshop）* という言葉を聞いたことがありますか？英和辞書で引いてみると、スウェットには「汗水たらして働く」「搾取される」、ショップには「店」のほかに「工場」や「企業」という意味があります。日本語では「低賃金で長時間労働させる工場」という意味で「搾取工場」と訳されます。

１９８０年代後半から１９９０年代前半にかけて、スウェットショップという言葉は、アメリカのメディアで使われるようになりました。当初は、アメリカ国内の縫製工場で、移民が低賃金で長時間働かされている状況を表す言葉として使われていました。しかし、その後、アメリカ企業が生産委託する開発途上国の工場で労働者を酷使している状況を表す言葉として、その意味を変えつつ今に至っています。

***スウェットショップ**：スウェットショップという言葉は19世紀から使われている。当時は、下請制度を意味した。下請契約というのは、発注先から仕事を請け負った業者が、別の工場や労働者に仕事を請け負わせ、発注先からもらう金額と実際に工場や労働者に支払った差額（「利ざや」）を稼ぐしくみ。この利ざやを稼ぐことが下請けの汗を搾り取っているとして、スウェットショップという言葉が使われるようになった。**参考文献** 宮坂（２００１）参照。

トイレ休憩が1回だけのナイキのベトナム工場

１９９７年にアメリカのメディアが報じたナイキの生産委託工場の事例は、大きな非難を巻き起こしました。ナイキはアメリカのオレゴン州に本社をおく企業で、知名度抜群の世界的スポーツ関連メーカーです。しかし、創業当初（１９６０年代中頃）のナイキは、年商30万ドルほどの小さな企業にすぎませんでした。そのあと、プロバスケットボールのマイケル・ジョーダンやプロゴルファーのタイガー・ウッズなど数々のスーパースターを積極的に起用した宣伝戦略が成功して、一躍世界のトップブランドに成長しました。

その一方で、ナイキの商品をつくっている中国やインドネシア、ベトナムの工場では労使紛争が相次いで起こりました。最低賃金を下回るような賃金で長時間働かせるナイキのやり方に労働者から不満の声があがったのです。当時のナイキのベトナム工場の様子については、北澤謙氏の論文*で報告されています。

ナイキのベトナム工場は、ナイキが所有する工場ではありません。正確にいえば、ナイキが生産委託契約を結んでいる、韓国企業が所有するベトナムの工

***北澤謙氏の論文**：「赤色のスウッシュはニワトリのとさか——ベトナムのナイキ工場」『NIKE：Just DON'T do it ——見えない帝国主義』（パルクブックレット6、アジア太平洋資料センター、１９９８年）。

場です。ナイキは生産委託契約している工場のことを「生産パートナー」と呼んでいるそうですが、ナイキは工場の経営に一切の責任をもちません。ただし、ナイキは契約工場に社員を送り込み、商品がきちんとつくられているかどうか、製造工程を厳しくチェックしています。

　このベトナム工場の労働環境は、劣悪極まりないものでした。工場で働く工員の90％は女性で、その多くが15歳から28歳の若い女性たちでした。彼女たちの賃金は時給20セント、日給に換算して1・6ドル（約173円／1日）*という金額でした。女性たちによれば、ベトナム南部の都市、ホーチミン市で生活する場合、1日に約2・1ドルは必要であり、1・6ドルでは生活が成り立たないというのです。また、別の話によれば、チームリーダーの賃金はホーチミン市の最低賃金*を少し上回る月収42ドル（約4500円）であったということです。これらのことを考えれば、一般の工員は最低賃金を下回る賃金しか得られていなかったことは想像に難《かた》くありません。

　最低賃金を下回る賃金に加えて、ナイキのベトナム工場では毎日のように時間外労働を強制的におこなっており、ほとんどの従業員は、年間で500時間から600時間の残業を強要されていました。残業を拒否した場合には警告を

＊約173円／1日：アメリカドル、日本円への換算は1996年当時。1ドル＝108円で換算。

＊最低賃金：1996年7月1日より、ホーチミン市の最低賃金は40ドル（約4300円）に設定。

受け、警告が3回重なれば解雇されると恐れられていました。ベトナムの労働法*には、「使用者と労働者は残業の同意をすることができる。ただし、1年間で200時間、1日に4時間を超えてはならない」（第69条）と記載があります。しかし、ナイキのベトナム工場ではこの法律が守られていませんでした。

加えて、工員は8時間の勤務時間内にトイレ休憩は1回だけ、水を飲むための休憩は2回だけという非人間的な働き方を強制されていました。発がん性が疑われるような材料の使用や工場内の刺激臭、換気の悪さ、騒音など、工場の安全衛生にも問題がありました。また、管理者による工員への体罰や虐待、性的な嫌がらせも横行していました。

このような「スウェットショップ」の労働実態が、アメリカの新聞や雑誌、テレビで報道され、世界中に知れわたると、ナイキを非難する動きへと発展しました。NGOや大学生は、インターネットや大学構内での抗議活動を通じて、ナイキ商品の不買運動をおこないました。*

ナイキは、当初この不買運動に対し冷ややかな反応を示しました。しかし、ナイキの収益は下がり、買い手が減り、株価が落ちつづけると、態度を変えざるを得なくなりました。ナイキは1997年、「スウェットショップ」の根絶

＊ベトナムの労働法：1994年採択、1995年1月施行。

＊反ナイキ運動：参考文献　朴（2007）参照。

に向けてアメリカ政府と合意*しています。

低賃金で労働者を雇い、劣悪な労働環境の中で商品を生産させる企業は、ナイキだけではありません。アディダスや世界最大のスーパーマーケットチェーンであるウォルマート・ストアーズなどの下請工場でも同じような問題は、たびたび指摘されてきました。そしてその非難の矛先は、日本の企業、ユニクロにも向けられています。

ユニクロの中国工場

2015年1月、香港のNGO「多国籍企業の労務実態を監視する学者と学生の会」（SACOM）*が、ユニクロの中国国内の下請工場の労働環境を調査した報告書を公表しました。SACOMは、2014年から同じく香港のNGOであるLabour Action Chinaと国際NGOヒューマンライツ・ナウ*との共同で、中国広東省にあるユニクロの2つの工場に潜入し、実態調査をおこないました。

SACOMの調査員は2つの中国工場で一般労働者として働き、労働契約、

＊アメリカ政府との合意：15歳以下の子どもの就労禁止のほか、最低賃金や法定労働時間の順守、下請会社への指導の徹底など。参考文献 朴（1998）参照。

＊SACOM（Students & Scholars Against Corporate Misbehaviour）：多国籍企業（中国で事業展開するもの）の活動を調査する目的で2005年に設立された労働NGO。活動拠点は香港。

＊ヒューマンライツ・ナウ：日本の国際人権NGO。世界で今もつづく深刻な人権侵害をなくすため、法律家、研究者、ジャーナリスト、市民など人権分野のプロフェッショナルたちが中心となって2006年に発足（ヒューマンライツ・ナウウェブサイト引用）。

賃金明細、就労時間記録、規定や規則、罰金制度など労働環境に関する情報や文書を入手しました。その内容は、ユニクロが消費者に向けて紹介している工場の様子とはまったく異なるものでした。ＳＡＣＯＭの調査報告書＊によれば、２つの工場ではつぎの４つの問題点が指摘されています。

①長時間の過重労働がおこなわれていた

中国の労働法第41条の中で、時間外労働は月に36時間を超えてはならないと書いてあるにもかかわらず、１つの工場では１３４時間、別の工場では１１２時間の時間外労働がおこなわれていました。また、１つの工場では休日労働した場合の残業代が正しく支払われていませんでした。このように労働法で定められている規定を大幅に超過していることが発覚しました。

②労働環境がきわめて過酷だった

作業場内の室温は異常に高く、床には排水が流れ、換気設備が不十分でした。異臭や漏電《ろうでん》の危険も指摘されていました。さらに懸念すべきは、このように労働者の健康と安全に悪影響を与えているにもかかわらず、それらの問題に対処するための効果的な措置がとられていないことでした。

③労働者の働きぶりを厳しく管理するシステムが存在していた

＊ＳＡＣＯＭの調査報告書：「中国国内ユニクロ下請け工場における労働環境調査報告書」（２０１５年１月）。

ＳＡＣＯＭのメンバーによる銀座のユニクロ店舗前での宣伝活動。（写真提供：協同センター・労働情報）

労働者を処罰するために、58種類もの規則が制定されており、そのうちの41の規則には罰金制度が含まれていました。中国の労働契約法では、雇用者が罰金制度によって労働者を処罰する権利は与えられていません。しかし2つの工場では、労働者と製品の品質をコントロールする方法として罰金制度が頻繁に使われていたと報告されています。

④労働者が異議を申し立てる機関やしくみが存在していなかった

工場の管理部門の責任者が組合長を兼任している、労働組合が存在しないなど、労働者が問題を抱えたときに訴えるシステムがないことが指摘されました。

2015年1月14日、SACOMのメンバーが来日して、東京での記者会見や銀座のユニクロ店舗前での宣伝活動などをおこなったこともあり、日本では大きな反響を呼びました。19日にはファーストリテイリングのCSR*部の担当社員がヒューマンライツ・ナウに出向き、独自調査をおこなうとともに、今後改善に向けての協力を惜しまないとの意向を示しました。

＊CSR（Corporate Social Responsibility）：「企業の社会的責任」と訳される。収益をあげ、配当を維持し、法令を守るという従来までの責任に加えて、人権に配慮した労働条件や消費者への対応、環境問題や社会貢献など、企業が市民として果たすべき責任のこと。ユニクロを傘下に置くファーストリテイリングでは、CSR委員会を設置するとともに、海外の各拠点にはCSR担当者を配置し、全社的にとりくみをおこなっている。

＊多国籍企業（transnational［あるいはmultinational］enterprise）：「国民国家の枠組みを超えて、2つ以上の国で経済活動をおこなっている企業」のこと。

＊国民総所得（GNI）：一国を所得の面からとらえた指標。ある国の国民が一定の期間内に新たにつくり出した財やサービスの総量。国内総生産（GDP）に海外での所得を足した金額。

1国の経済規模を上回る、多国籍企業の経済活動

ナイキやユニクロは、世界中で企業活動をおこなっています。このような企業のことを多国籍企業*といいます。今日の多国籍企業は、1つの国の経済規模を上回る収入を得るほどの影響力があります。

表④を見てください。これは国民総所得（GNI）*と企業の総収入を順位づけて、上から50番目までを並べたものです。もっとも国民総所得が大きいのは、アメリカです。

24番目のポーランドにつづくのが、アメリカ最大のスーパーマーケットチェーン、ウォルマート・ストアーズです。ウォルマート・ストアーズの年間の総収入はおよそ4762億ドルで世界の企業の中でトップです。そのあとを追って、オランダの石油会社ロイヤル・ダッチ・シェル、中国の石油会社、中国石油化工集団や中国石油天然気集団、ア

表④　国別のＧＮＩ（国民総所得・2013年）と大企業の総収入（2014年）

単位：100万ドル

1	アメリカ	16,903,045	18	トルコ	821,684	35	南アフリカ	380,700
2	中国	8,905,336	19	サウジアラビア	757,058	36	コロンビア	366,639
3	日本	5,899,905	20	スイス	733,437	37	アラブ首長国連邦	353,134
4	ドイツ	3,810,597	21	スウェーデン	592,411	38	タイ	357,661
5	フランス	2,869,763	22	ノルウェー	521,713	39	デンマーク	346,278
6	イギリス	2,671,728	23	ベルギー	518,241	40	国家電網公司（中国・電力配送）	333,387
7	ブラジル	2,342,552	24	ポーランド	510,005	41	フィリピン	321,810
8	イタリア	2,145,347	25	ウォルマート・ストアーズ（アメリカ・小売）	476,294	42	マレーシア	309,937
9	ロシア連邦	1,987,738	26	ナイジェリア	469,730	43	シンガポール	291,788
10	インド	1,960,072	27	ロイヤル・ダッチ・シェル（オランダ・石油）	459,599	44	香港	276,148
11	カナダ	1,835,383	28	中国石油化工集団（中国・石油）	457,201	45	イスラエル	273,476
12	オーストラリア	1,512,605	29	イラン	447,534	46	チリ	268,296
13	スペイン	1,395,916	30	中国石油天然気集団（中国・石油）	432,008	47	フィンランド	265,539
14	韓国	1,301,575	31	オーストリア	427,321	48	フォルクスワーゲン（ドイツ・自動車）	261,539
15	メキシコ	1,216,087	32	エクソン・モービル（アメリカ・石油）	407,666	49	エジプト	257,360
16	インドネシア	894,967	33	BP（イギリス・石油）	396,217	50	トヨタ自動車（日本・自動車）	256,455
17	オランダ	858,028	34	ベネズエラ	381,592			

（出典）世界銀行2014年、Fortune Global 500,2014年より作成。

メリカの石油会社エクソン・モービルなどがつづきます。

これらの企業の総収入は、タイやフィリピン、シンガポールといった国の経済規模を上回っています。ちなみに、50番以内に入った日本企業は、トヨタ自動車のみです。

多国籍企業の出現によって変わった国際分業

グローバリゼーションという言葉を聞いたことがありますか?

グローバリゼーションの語源は、球体や地球を意味するグローブ(globe)で、その形容詞が「地球の」や「世界規模の」を意味するグローバル(global)です。つまり、グローバリゼーションとは、「世界規模で広がること」で、とくに「政治、経済、文化などが国境をまたいで広がること」という意味で用いられます。経済の面からグローバリゼーション(経済のグローバル化)をとらえれば、「ヒト(労働力)、モノ(商品)、カネ(資金)が国境をまたいで世界的に移動し、経済活動をおこなうこと」と定義することができます。

1960年代末から1970年代初頭にかけて、多国籍企業による世界的な

＊**一次産品**:自然から採取されたままの状態で、加工されていないもののこと。
＊**世界市場向けの工業製品**:おもに先進国で消費される商品。たとえば、衣料品、スポーツ用品、おもちゃ、電気製品など。これらの商品を特定の海外取引先からの注文に応じて下請契約によって生産する工場を「世界市場向け工場」と呼ぶ。

規模での企業活動がすすみました。すると、これまでの国際分業のあり方は一変しました。これまでの国際的な分業システムは、開発途上国が一次産品*を供給し、先進国がその一次産品を原材料にして工業製品を生産し、輸出するというものでした。しかし、多国籍企業の出現によって、先進国に集中していた工業部門が開発途上国に移転し、開発途上国で世界市場向けの工業製品*がつくられるようになったのです。これは世界史上、はじめてのことです。

多国籍企業は、自社にとってもっとも有利な地域に生産拠点を配置し、一方で開発途上国は安い労働力の供給源となりました。とりわけ、戦後、独立を勝ち取ったインドネシアやフィリピン、マレーシアをはじめとするアジアの国ぐにでは、1960年代末から1970年代初頭にかけて、国をあげて多国籍企業を誘致し、経済を大きく発展させようとしました。

その効果はすぐに目に見えるものとなりました。輸出加工区*を整備するなどして、輸出を通じた高経済成長を実現したのです。のちに、世界銀行は日本、アジアNIES*の2カ国2地域、ASEAN*加盟国のインドネシア、マレーシア、タイの3カ国の計6カ国2地域を、「東アジアの奇跡*」と称し、その急速な高成長をたたえたのです。

＊輸出加工区：70ページ参照。

＊NIES（Newly Industrializing Economies）：新興工業経済地域。1960年代から1970年代にかけて、輸出産業を軸に急速に工業化を進め、高成長を遂げている国や地域を指す。アジアNIESという場合には、韓国、シンガポール、台湾、香港をいう。

＊ASEAN（Association of Southeast Asian Nations）：東南アジア諸国連合。1967年にタイ、インドネシア、マレーシア、フィリピン、シンガポールの5カ国によって設立された地域協力機構。2015年4月現在、東南アジア11カ国の中で東ティモールを除く10カ国が加盟。

＊東アジアの奇跡：1965年から1990年の間、東アジアの国ぐにが、継続してほかの地域に比べてより高い経済成長を成し遂げたこと。1993年に世界銀行が発表したレポート『東アジアの奇跡――経済成長と政府の役割』による。

世界市場向けの工場で必要不可欠な若い女性たち

世界市場向けの工場で働く圧倒的多数は、15歳から22歳、最高でも25歳の女性です。彼女たちは、多国籍企業によってもっとも「好ましい」労働力であるとみなされ、つぎつぎに工場へと送り込まれました。

ダイアン・エルソン*とルース・ピアスン*という2人の著名な経済学者がいます。2人は、なぜ世界市場向け工場でこんなにも若い女性がたくさん働いているのか、調査をおこないました。その結果、2人は「男性よりも女性を雇うほうが、収益性が高い」から女性（とくに、若い女性）を雇いたがるのだと指摘しました。彼女たちは、たくさんの調査研究にもとづいて、女性を雇うことによる収益性の高さはつぎの2点にあると論じています。*

①女性のほうが男性よりも、安く雇用できる。

②女性のほうが男性よりも、高い生産性を発揮する。

まず、①です。一般的に、世界市場向けの工場で働く人びとの賃金は、男性よりも女性のほうが低いといわれます。バングラデシュの縫製工場でも、男性

＊ダイアン・エルソン（Diane Elson）：イギリス、エセックス大学社会学部名誉教授。フェミニズムやジェンダーの視点から経済学を問う、フェミニスト経済学の第一人者。

＊ルース・ピアスン（Ruth Pearson）：イギリス、リーズ大学開発学コース名誉教授。専門分野はジェンダーと開発。

＊エルソンとピアスンの論文：ダイアン・エルソン、ルース・ピアスン、『器用な指は安い労働者をつくる』――第三世界の輸出産業における女性雇用の分析」『経済労働研究』（第7章、1987年）。英語版は「フェミニスト・レビュー」誌の1981年春第7号に掲載。

一列に並んでミシンを操作する女性工員たち

よりも女性のほうが賃金は低いです。担当する部門や職位によって異なりますが、男性の賃金を１００としたとき、女性の賃金は50から80くらいです。

なぜ、女性は男性よりも賃金が低いのでしょうか。エルソンとピアスンは、女性が労働市場において「二次的な地位」にあるからだと指摘します。工場で働きはじめてから数年経てば、女性は結婚や妊娠をきっかけとして自ら工場を辞めていきます。女性は長期間継続して働く可能性が低く、賃金をあげる必要がありません。常に、受注数や納期に対応して工員の人数を調整する必要がある工場にとって、女性を雇用するメリットはこの点にあります。

また、女性は男性に扶養される存在とみなされており、家計の補助的な賃金しか与えられません。さらに女性たちは賃金が低くても、文句をいわずに従順に働き、デモなどを起こす心配もありません。

つぎに、②についてはどうでしょうか。これは女性のもつ「手先の器用さ」と関係しています。バングラデシュの女性は、「カンタ」*と呼ばれる刺し子をつくる慣習があり、手先が器用です。これに加えて、工場で長時間集中して作業にとりくむのは、男性よりも女性のほうが優れているといわれます。こうした点から、女性のほうが圧倒的に生産性は高いのです。

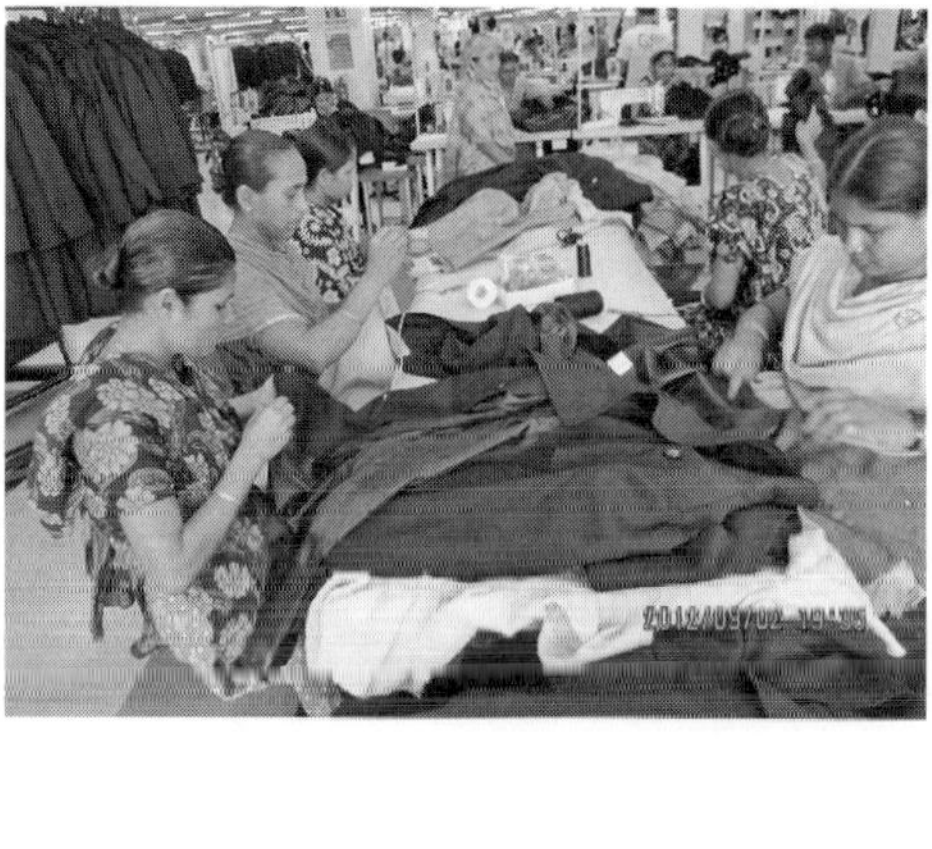

手縫い作業をする女性工員たち

＊カンタ：66ページ参照。

ユニクロの世界同一賃金構想

低賃金で長時間働いている若い女性たちの境遇を知り、開発途上国の女性たちは「なんてかわいそうなのだろう」と同情する人が出てくるかもしれません。しかし、話はそんなに単純ではありません。多国籍企業の活動は、日本に住むわたしたちの生活をも大きく変えてしまう力をもっています。とりわけ、わたしたちの働き方や給与にも関係してくるとしたら無関心ではいられません。

グローバル経済の中では、企業は世界規模で企業活動を営むようになりました。そのことは、結果として日本社会に激しい競争をもたらしました。

企業は世界中の企業との競争に勝利するため、あらゆる手段をとってでも業績をあげようとしました。それはどこよりも安い商品を、どこよりも早く開発し、販売し、消費者の支持を得ることでした。また企業にとって「無能な」社員をつぎつぎに解雇し、非正規雇用におき換えることも、以前に比べて頻繁になりました。

企業はこれまで社員のために使ってきた経費をどんどん削減し、スピードを求めました。しまいには、企業が直接雇用契約を結ばなくても自分の企業で働かせることができる、派遣労働という働き方も導入しました。

こうした中で、「ユニクロ」を展開するファーストリテイリングは、「世界同一賃金」という構想*を打ち出しました（図⑤参照）。この「世界同一賃金」制度が導入されると、世界中どこの国であってもグレード（評価）で給料が決まるので、グレード（評価）が同じであれば給料は同じになります。たとえば、中国の店舗で働く20代の女性店長と、東京都内の店舗で働く40代の男性店長を比べて、中国人女性店長のほうが高い評価を受けた場合、日本人男性店長よりも高い賃金を得られることになります。

逆をいえば、日本人男性店長がこれまで長期間ユニクロの店舗で働いた経験があったとしても、中国人の若い女性店長よりも賃金が少ないということもあり得ます。一方の中国人の女性店長は、優秀な人材として将来、日本の本社で働くチャンスを得られるかもしれません。

ファーストリテイリングの狙いは、「世界各国で優秀な人材を確保すること*」にあるとされ、そのために社員を世界的規模でふるいにかけようとしているのです。性別や年齢、勤務年数のみならず、人種や国籍そして働く地域に関係な

図⑤　ファーストリテイリングの「世界同一賃金」構想

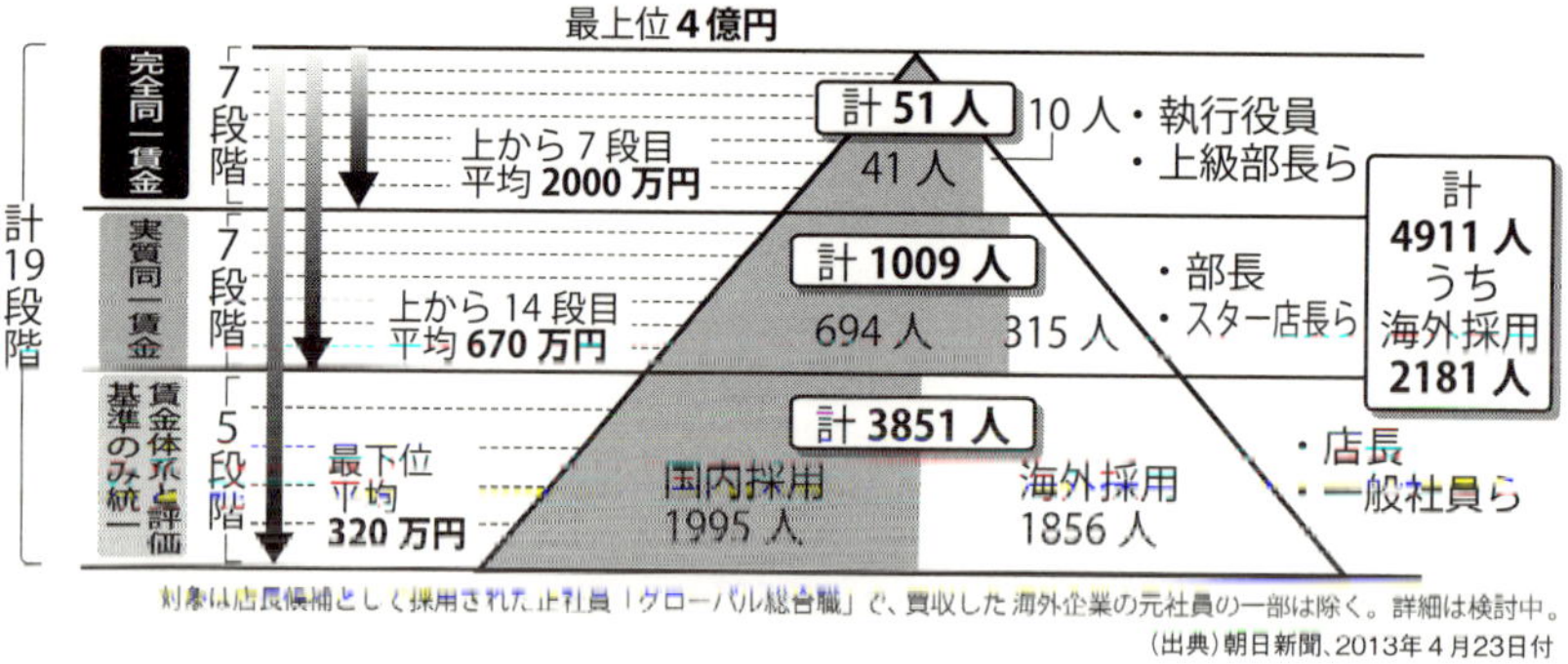

対象は店長候補として採用された正社員「グローバル総合職」で、買収した海外企業の元社員の一部は除く。詳細は検討中。
（出典）朝日新聞、2013年4月23日付

く、すべての社員が同じ土俵に立ち、競争をすることになります。

ファーストリテイリングのように、特定の国との結びつきがきわめて乏しく、常に世界的規模で利益を追求し事業展開する企業を、最近では「多国籍企業」ではなく、「超国家企業」と呼ぶようになっています。海外で販売店や工場を構えて事業をおこなうというこれまでの「多国籍企業」の事業活動の範囲をはるかに超えているからです。

ラナ・プラザ崩落事故は、どのようにつぐなわれたか?

ここでもう一度ラナ・プラザの崩落事故について触れておきましょう。

バングラデシュ政府や国際機関、先進国政府、関係企業の事故後の対応はどのようなものだったのでしょうか。犠牲者への補償や労働環境の改善など、対策は十分におこなわれたのでしょうか。

インドのボパールで起こったユニオン・カーバイド工場の毒ガス漏れ事故*（1984年）以来の最悪の産業事故だと国際的にも注目されたため、比較的早い対応がとられました。しかし、その対応は不十分なもので、国際人権NG

*「**世界同一賃金」という構想**：**グローバル総合職**――欧米や中国などの13カ国・地域で店長候補として採用したすべての社員と役員を「グローバル総合職」とし、制度の対象とする。**グレードごとの賃金**――グローバル総合職を職務内容ごとに19段階（グレード）に分類し、「グレード」ごとに賃金を決める。

***「世界各国で優秀な人材を確保する」**：「ユニクロ、世界で賃金統一――柳井会長表明　人材確保狙い」（朝日新聞、2013年4月23日付）参照。

***ボパール化学工場事故**：アメリカの大手化学会社であるユニオン・カーバイド社のインド工場で、農薬を製造する工程で有毒ガスが発生、工場周辺の町に流れ出した。即死者は2000人以上、負傷者は20万から30万人ともいわれている。

0のヒューマンライツ・ナウなど、多方面から非難の声*があがっています。

まず、バングラデシュ政府の対応から見てみましょう。２０１３年5月1日、政府は労働者と雇用者の代表に呼びかけ、３者で共同声明を提出しました。そのおよそ3カ月後の7月25日には、縫製産業部門の火災や建築構造に対する安全をいかに高めるかといった内容の行動方針*を発表しました。

つづけて、政府は問題点の多かった労働法を改正*しました。とくに、大きな前進と評価されたのが、「労働組合結成に当たっては加盟した者の名簿を雇用者側に報告しなければならない」*という規定を廃止したことです。これによって、労働組合が結成されやすくなり、実際にこの年の7月から12月に登録された新規組合数*は１５２に達しました。このうち、96が衣類部門の組合です。

事故後、月３０００タカ（約４０００円）という最低賃金の引きあげをめぐって、８０００タカ（約1万７０００円）を要求する労働者側と３６００タカ（約４８００円）を提示した経営者側との間で激しい攻防がくり広げられました。最終的には、この年の12月、政府は縫製工場労働者の最低賃金を５３００タカ（７１００円）に引きあげることを決定しました。しかし最低賃金が１・76倍引きあげられてもなお、労働者の生活の厳しさは変わりません。

＊非難の声：ヒューマンライツ・ナウは、現在すすめられている対策は労働者の人権の観点から見れば不十分であると、「【声明】バングラデシュ『ラナプラザ』後も続く低価格競争のなか、縫製工場の搾取的労働が今も続いている」で痛烈に批判している。

＊行動方針：バングラデシュ政府が、ラナ・プラザのような重大事故を二度と起こさないようにするためには、何が必要かを明らかにしたもの。

＊労働法の改正：２０１３年の労働法の改正点については、日本貿易振興機構（ジェトロ）ダッカ事務所作成の「バングラデシュ労務管理マニュアル」参照。

＊労働組合の規定：ヒューマンライツ・ナウ「声明」参照。

＊新規組合数：ＩＬＯ駐日事務所、「バングラデシュで登録組合数が急増：新労働法が労働条件、労働者の権利の改善に向けた道を敷設」参照。

国際機関と先進国企業の対応

国際機関の中で、労働問題の分野で主導的な役割を果たしているのは、ＩＬＯ*（国際労働機関）です。ＩＬＯは、各国の政府に対して、労働条件の改善や労働者福祉の向上を勧告し、必要に応じて指導をおこなっています。ラナ・プラザの事故では、数日後に代表団をバングラデシュへ派遣し、政府、雇用者、労働者、国際機関などの関係者を集めて対話をスムーズにおこなえるよう力を尽くしました。

ラナ・プラザの事故から6カ月後の２０１３年10月、カナダ、オランダ、イギリス政府から寄付された２４００万ドルの資金で、縫製産業の労働環境を改善するための活動をはじめました。また同じ年の12月からは、ＮＧＯと共同して、疾病をともなった犠牲者が社会復帰するためのプログラム*や技能向上のトレーニング*を実施しています。

事故から9カ月後の２０１４年1月、ＩＬＯが主導して、「ラナ・プラザ信託基金*」を設立しました。そして同じ年の4月、ようやく犠牲者への補償

＊ＩＬＯのとりくみ： 参考文献 ILO, 2014 参照。

＊犠牲者の社会復帰プログラム： 国際ＮＧＯ、アクション・エイド・バングラデシュとの共同事業。

＊技能向上のトレーニング： バングラデシュ最大のＮＧＯであるＢＲＡＣが実施団体となり、トレーニングをおこなっている。

金の支払いがはじまりました。このとき、犠牲者1人につき650ドル（約6万7500円）が支払われました。

企業の対応には、ヨーロッパ系の企業とアメリカ系の企業との間で違いが見られました。対応が早かったのは、ヨーロッパ系の企業です。2013年5月、ZARAのブランドをもつインディテックス社、プライマークやH&Mなどを中心に、「バングラデシュにおける火災予防及び建設物の安全に関する協定」（通称：アコード）を結成しています。

しかし、この協定は安全な労働環境を保障することを法的に拘束しているため、ウォルマート・ストアーズやGAPをはじめとするアメリカ系企業は不安を感じて参加しませんでした。7月に別組織である「バングラデシュ労働者の安全のための同盟」（通称：アライアンス）を結成しています。

ただし、アコードもアライアンスも5年間の活動期限つきで、どちらの活動も工場の安全性を調査することにとどまっていて、労働者の人権を守るものとはいい難《がた》いのが実態です。

ヒューマンライツ・ナウの「声明」*は、両者が縫製工場の安全性検査を実施した結果、その安全基準を満たさない工場がつぎつぎに閉鎖に追い込まれてい

＊「ラナ・プラザ信託基金」：ILO条約121号「雇用者傷害給付」にそって支払われる。すべての犠牲者に対する補償金は3000万ドル（参考文献 ILO, 2015参照）と推定される。

＊ヒューマンライツ・ナウの声明：122ページ参照。

るという事態を報告しています。工場が閉鎖されれば、そこで働く人びとは、途端に仕事を失います。先進国の企業の対策は、自分たちの企業の利益を最優先するもので、バングラデシュの人びとの権利を守るものとは到底いえません。

悲劇をくり返さないための国際的な運動

ラナ・プラザの事故から1周年を迎えた2014年4月24日、二度とあの悲劇をくり返さないようにと、世界中のあちこちでさまざまな運動が起こりました。

中でも、ラナ・プラザで操業していた5つの工場に生産委託していたベネトンやGAPの店舗前では、激しい抗議運動*が起きました。イギリスのオックスフォード・サーカスにあるベネトンの店舗前では、抗議者たちは自らの首と手首を鎖で巻きつけて、1年経っても犠牲者やその家族に賠償金を一切支払わないベネトンに対して抗議をしました。

また、この事故をきっかけにこれまでの縫製産業のあり方を問い直す、国際的なキャンペーン運動、「ファッション・レボリューション・デー」もはじま

＊抗議運動：下田屋毅、「ラナプラザ・ビル倒壊事故から1周年」、The Fashion Post, Rana Plaza Protesters Chain Their Necks To Benetton Storefront, 参照。

2周年を迎えた「ファッション・レボリューション・デー」の様子。「これからのファッションはどう変わる？」をテーマに、中村善春さん（繊研新聞社）と生駒芳子さん（ファッションジャーナリスト）によるトークショーがおこなわれた（2015年4月24日）

りました。2014年のテーマは、「WHO MADE YOUR CLOTHES？（あなたの洋服をつくったのは誰？）」。アメリカやインドやブラジルなど、世界の企業や団体が登録し、各地でイベントを開催しました。日本でも、フェアトレードの専門ブランド「ピープル・ツリー」*とその母体のNGO「グローバル・ヴィレッジ」*がこのキャンペーンに参加し、東京でイベントをおこないました。

こうした一連の国際的な運動は、ときとして大きな力になります。その1つとして、2015年2月20日、これまで拒否しつづけてきたベネトンが、犠牲者への補償金の支払いに合意しました。その額は110万ドル（約1億3200万円）*ともいわれています。

＊ピープル・ツリー：1995年、NGOグローバル・ヴィレッジのフェアトレード事業部門を独立させ、「フェアトレードカンパニー株式会社」として設立。世界フェアトレード機関（WFTO）の認証を受け、「フェアトレードの10の指針」を守った活動をおこなう。ピープル・ツリー、グローバル・ヴィレッジのウェブリイト参照。

＊グローバル・ヴィレッジ：1991年、環境保護と国際協力の団体として設立。活動内容は、①フェアトレードの普及・推進活動を中心とした、南北問題・環境問題に対する啓発活動、②途上国の小規模生産者団体への技術支援／マーケティング支援、③途上国のパートナー団体が運営する社会福祉プログラムへの支援。グローバル・ヴィレッジのウェブサイト参照。

＊ベネトンによる支払い合意：Bangladesh Rana Plaza factory fund finally meets target, The Guardian 2015年6月8日付。1ドル＝120円（2015年4月レート）換算。

第7章

グローバリゼーションに立ち向かう人びと

〝南〟の貧困を解決するために

多国籍企業による活動を国際的に規制しようとする動きは、1970年代からはじまっています。最初にその要求を突きつけたのは、多国籍企業を受け入れる側である開発途上国でした。

第二次世界大戦後、アジア、アフリカ、ラテンアメリカの〝南〟の国ぐには、欧米や日本などの先進国（〝北〟の国ぐに）による植民地支配から独立を果たしました。とくに、1960年には、この1年だけでアフリカの17カ国が独立*したことから「アフリカの年」と呼ばれています。

植民地時代のアジア、アフリカ、ラテンアメリカの国ぐにには、政治的、経済的な自由はまったく与えられませんでした。それらの国ぐにを支配し管理する権利をもつ先進国（宗主国*）は、自国の経済がうまく回るように、植民地の国ぐにを利用しました。こうして植民地とされた国ぐにには、自国の経済発展が阻まれるばかりか、ますます多くの住民が貧困に陥りました。そのため、植民地支配を受けてきた国ぐにの住民は、戦後自分たちの国がようやく1つの国と

＊アフリカの独立：第二次世界大戦後、アフリカ各地で独立運動がはじまる。1950年代末までに独立したのはリビア（51年）、スーダン、モロッコ、チュニジア（いずれも56年）、ガーナ（57年）、ギニア（58年）。60年には、つぎの17カ国が独立した。セネガル、モーリタニア、マリ、コートジボワール、ブルキナファソ、トーゴ、ベナン、ニジェール、チャド、中央アフリカ、カメルーン、ガボン、コンゴ（共和国）、マダガスカル、ナイジェリア、ソマリア、コンゴ（民主共和国、元ザイール）。

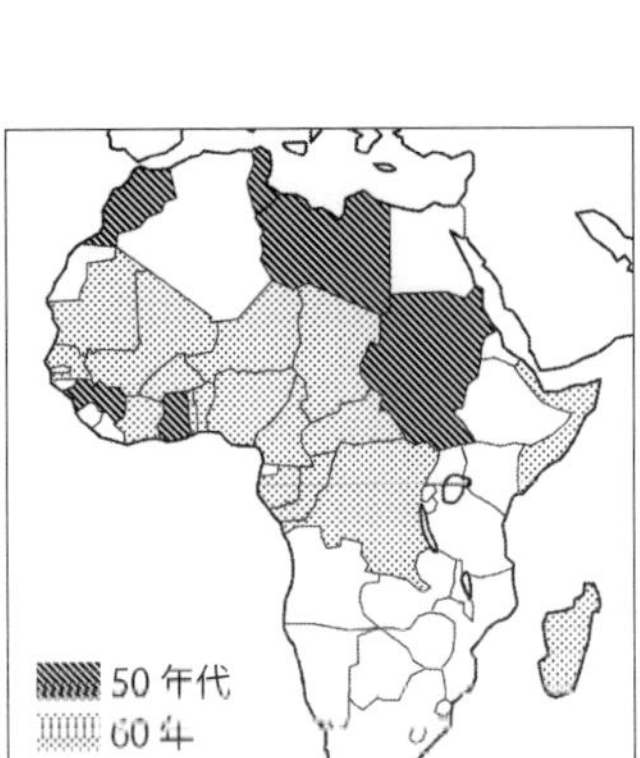

＊宗主国：宗主権（他国の内政、外交などを支配、管理する権利）をもつ国家。従属国に対比する言葉。

して独立することを歓迎しました。政治的な独立は、経済的な自立をも意味し、まさしく貧困から解放されると期待したからです。

しかし、その期待は裏切られました。政治的な独立を果たしたにもかかわらず、南の国ぐにの貧困問題が解消することはありませんでした。むしろ、戦後の先進国の著しい経済成長によって、〝北〟と〝南〟の格差は広がるばかりでした。こうした状況は、南の国の貧困問題や格差の拡大が、決して「南の国」の問題ではなく、むしろ「南の国と北の国の関係性」の問題であるとして、これまでの「低開発国」や「後進国」の問題という考え方に修正を迫りました。これが、「南北問題*」です。

南北問題を考えるときに重要なのが、第二次世界大戦後の国際経済体制*です。戦後、国際経済をおしすすめてきたのは、国際通貨基金（ＩＭＦ）と世界銀行、そしてＧＡＴＴ*の３つです。第二次世界大戦末期の１９４４年7月、アメリカのブレトンウッズで戦後の経済のあり方についての会議がひらかれました。この会議で、国際通貨基金と世界銀行を設立することを決め、これ以降、この２つの国際機関を通じて国際経済体制（ブレトンウッズ体制）を運営していくことになりました。

***南北問題**：1959年末、イギリスのロイド銀行会長のオリバー・フランクスが最初に使ったとされる。南の国と北の国との間の格差やその依存関係から生じる一連の対立や争いのことを意味する。**参考文献** 西川（1979）参照。

***戦後の国際経済体制**：**参考文献** 伊藤（2013）参照。

***GATT**：61ページ参照。

1948年にGATTが発足すると、戦後の国際経済体制の3つの柱が完成しました。この体制のことを「ブレトンウッズ＝GATT体制」といいます。この体制の基本的な考え方は、「自由な貿易と安定的な為替《かわせ》取引をおしすすめることは、世界経済にとってもっとも望ましい」というものです。ここには、1929年の世界大恐慌のときに各国が自分の国の利益ばかりを考えて閉鎖的な経済のしくみ（ブロック経済）をつくったことが、結果として世界大戦を導いてしまったとする反省が影響しています。

しかし、このブレトンウッズ＝GATT体制のもとで恩恵を受けたのは、北の国ぐにでした。とくに、この体制の中心にいたアメリカにとって、その恩恵はとても大きなものでした。一方、南の国ぐににとって、貿易の自由化がすすむことはよいことばかりではありませんでした。世界貿易に占める南の国のシェアは小さくなるばかりで、貿易収支の赤字は目に見えるように増えていったのです。こうして、南の国ぐにの不満はみるみるうちに高まりました。しまいには、ブレトンウッズ＝GATT体制そのものの変更を求める動きとして、団結したのです。

こうして南の国ぐにには、ブレトンウッズ＝GATT体制に代わる新しい秩序、新国際経済秩序*（ＮＩＥＯ）を提案しました。１９７４年の国連特別総会で採択した、新国際経済秩序の樹立宣言*の中に、「多国籍企業が、受け入れ国の完全な主権のもとに活動するため、受け入れ国の国民経済の利益となる措置をとることによる同企業活動の規制及び監視」という項目を入れ、多国籍企業の活動を法的に規制することを求めました。

この要求を受けて、国連に多国籍企業委員会が設置され、国際的な行動規約に関する交渉がはじまりました*。しかし、規約の順守の対象を多国籍企業のみとすることを主張する開発途上国と、その対象を開発途上国の企業にも広げ、法的な義務ではなく、自主的なとりくみにとどめることを主張する先進国との間で溝が埋まらず、１９９２年に規約についての交渉は打ち切られてしまいました。

国際機関による企業の責任を追及する動き

世界中で多国籍企業の活動が広がり、その影響力が大きくなるにつれ、企業に対して責任ある行動を求める動きが国際機関の側から出されるようになりま

＊新国際経済秩序（New International Economic Order）：ニエオ。１９７４年国連特別総会において採択。

＊新国際経済秩序の樹立宣言：出典「新国際経済秩序樹立に関する宣言」（日本政治・国際関係データベース、東京大学東洋文化研究所、田中明彦研究室）。

＊国際的な行動規約に関する交渉：

参考文献 三浦（２０１１）参照。

した。その代表的なものが、OECD（経済協力開発機構）*による「多国籍企業行動指針」*（1976年）と、ILO（国際労働機関）による「多国籍企業及び社会政策に関する原則の三者宣言」*（1977年）です。

OECDの「行動指針」では、一般方針、情報開示、人権、雇用及び労使関係、環境、贈賄《ぞうわい》・贈賄要求・金品の強要の防止、消費者利益、科学及び技術、競争、納税などの広範囲な分野で、多国籍企業に対して責任ある企業行動をとるように求めています。

またILOの「三者宣言」では、雇用、訓練、労働条件・生活条件、労使関係など、広く労働分野に関する原則を多国籍企業のみならず、政府、使用者団体、労働者団体に対しても遵守することを勧告しています。しかし、この指針や宣言を順守するかどうかはそれぞれの企業の自発的な意思にゆだねられており、その実効性は十分でないと批判されています。

反グローバリゼーションの運動が世界中でくり広げられる！

1990年代に入ると、世界経済のグローバル化の一層の進展とともに、そ

＊**経済協力開発機構（Organisation for Economic Co-operation and Development）**：1961年発足、本部はフランスのパリ。加盟国は、EU加盟国（21カ国）に加えて、日本、アメリカ、カナダなど13カ国の計34カ国。

＊**「多国籍企業行動指針」**：1976年、OECDにより策定。行動指針参加国の多国籍企業に対し、企業に対して期待される責任ある行動を自主的にとるよう勧告することを目的とする。

＊**「多国籍企業及び社会政策に関する原則の三者宣言」**：1977年、ILO理事会により採択。その後、2000年、2006年に改定。

の負の影響を痛烈に批判する運動が世界中でくり広げられるようになりました。こうした運動のことを「反グローバリゼーション」と呼び、各国のＮＧＯや労働組合、市民団体などがその運動を担っています。

中でも、国際的に活動するＮＧＯは各種の国連会議に参加し、大規模なロビー活動をおこない、会議の過程や採択する内容に影響を与えています。また、こうしたＮＧＯは、国際的に連携しながら世界銀行や多国籍企業のあり方を問うキャンペーンをくり広げています。その成果は大きく、国際政治、国際世論を動かす存在として注目されています。

こうした動きを背景に１９９９年1月、世界経済フォーラム（ダボス会議）では、当時の国連事務総長コフィー・アナンが「国連グローバル・コンパクト」と名づけた10項目の原則を提言しました（表⑤参照）。この提言は、国家や国際機関だけではグローバル化にともなう問題を解決することができないとして、国連が企業や団体に対して自発的に実践することを求めたものです。

この10の原則は人権、労働、環境、腐敗防止の４つの分野からなり、各企業はこれらの原則を順守しながら事業活動をおこない、持続可能な成長を目指すことを要請されています。原則を作成するとき、人権の項目については世界人

表⑤　国連グローバル・コンパクトの10原則

人権	原則１：企業は、国際的に宣言されている人権の保護を支持、尊重すべきである。
	原則２：企業は、自らが人権侵害に加担しないよう確保すべきである。
労働	原則３：企業は、組合結成の自由と団体交渉の権利の実効的な承認を支持すべきである。
	原則４：企業は、あらゆる形態の強制労働の撤廃を支持すべきである。
	原則５：企業は、児童労働の実効的な廃止を支持すべきである。
	原則６：企業は、雇用と職業における差別の撤廃を支持すべきである。
環境	原則７：企業は、環境上の課題に対する予防原則的アプローチを支持すべきである。
	原則８：企業は、環境に関するより大きな責任を率先して引き受けるべきである。
	原則９：企業は、環境に優しい技術の開発と普及を奨励すべきである。
腐敗防止	原則10：企業は、強要と贈収賄を含むあらゆる形態の腐敗の防止に取り組むべきである。

（出典）グローバル・コンパクト・ネットワーク・ジャパンのウェブサイト。

権宣言、労働の項目については「労働における基本的原則及び権利に関するILO宣言」を参考にしたといわれています。* この「国連グローバル・コンパクト」の新しさは、多国籍企業の活動を法律によって規制するのではなく、普遍的な原則を浸透させることにより、社会と環境にやさしい経済発展を追求することを目指した点であると考えられています。こうしたことから、国連のミレニアム開発目標（MDGs）* に貢献することも期待されています。

この「国連グローバル・コンパクト」を各国、各地域に根づかせるために、100カ国以上にローカル・ネットワークが組織されています。日本では、グローバル・コンパクト・ネットワーク・ジャパン* を2003年12月に発足させています。

企業が負うべき責任と労働者の人権――「ビジネスと人権」

2000年代に入ると、国連は、新たに「ビジネスと人権」という課題にとりくみはじめました。その主導者は、国際政治学者のジョン・ラギー* です。ラギーは2005年に、当時の国連事務総長であったコフィー・アナンか

＊原則の作成： 参考文献 三浦（2011）参照。

＊ミレニアム開発目標（MDGs）： 2000年9月の国連ミレニアムサミットで採択された、国連ミレニアム宣言をもとにつくられたのが、ミレニアム開発目標。極度の貧困と飢餓の撲滅など2015年までに達成すべき8つの目標を定めた。2015年末に期限を迎えるため、それに代わる新たな目標（持続可能な開発目標）が、2015年9月に国連持続可能な開発サミットで採択された。

＊グローバル・コンパクト・ネットワーク・ジャパン： 製造業、卸売・小売業、金融・保険業などに加えて、自治体や大学なども加入。詳細は、グローバル・コンパクト・ネットワーク・ジャパンのウェブリイト参照。

＊ジョン・ジェラルド・ラギー： 国際政治学者。ハーバード大学・ケネディ行政大学院教授。

らの指名を受けて、「企業と人権」に関する国連事務総長特別代表に就任し、２０１１年に「ビジネスと人権に関する指導原則*」をとりまとめました。

さらに、「国連グローバル・コンパクト」や「ビジネスと人権に関する指導原則」などにもとづいて、２０１２年３月には国連グローバル・コンパクト、国際ＮＧＯセーブ・ザ・チルドレン*、ユニセフの３者が「子どもの権利とビジネス原則」（１３６ページ表⑥参照）を発表しています。

これまで子どもに対する企業の責任を問う場合、児童労働の予防や撤廃を勧告するにとどまっていました。しかし、この「子どもの権利とビジネス原則」は、企業活動による子どもの権利や幸福度への影響を正しく理解しとりくむための包括的な枠組みを提示しています。企業が負うべき責任を子どもの人権に焦点を当てて示したものといえます。

G7で約束された、責任あるサプライ・チェーン

２０１５年６月、ドイツのエルマウでＧ７首脳会合（Ｇ７サミット）がひらかれました。日本、アメリカ、イギリス、フランス、ドイツ、イタリア、カナ

＊ビジネスと人権に関する指導原則：31の原則から構成。持続可能なグローバル化に貢献するため、ビジネスと人権に関する基準と慣行を強化することを目標とする。すべての国家とすべての企業に適用される。

＊セーブ・ザ・チルドレン：１９１９年創設。子どもの権利を守るために30の独立したパートナーが約１２０カ国で活動をおこなっている（セーブ・ザ・チルドレン・ジャパンウェブサイト参照）。

＊サプライ・チェーン：サプライ（supply）は日本語で「供給」、チェーン（chain）は「連鎖」を意味する。製品の原材料が生産されてから消費者の手に届くまでの一連の工程のこと。

ダの7カ国の首脳と欧州理事会議長、欧州委員会委員長が1つのテーブルを囲んで、国際社会が直面する地球規模の課題について話し合いました。その成果は、首脳宣言としてまとめられました。

中でも、貿易とサプライ・チェーン*について話し合われたことはとても画期的でした。首脳宣言には、世界的なサプライ・チェーンにおいて労働者の権利や労働条件、そして環境の保護をすすめるうえで、G7諸国に重要な役割があること、また、政府や企業が責任ある対応をすすめていくことが盛り込まれました。同時に、ラナ・プラザの事故についてもふれられ、先進国首脳が結束して問題解決にとりくもうとする姿勢を見せたことは、とても意味のあることです。

わたしたちは、この宣言を受けて、行動に移していかなければなりません。これからもつづく未来に、もうこれ以上の犠牲者を出してはならないからです。

表⑥　子どもの権利とビジネス原則

原則1	子どもの権利を尊重する責任を果たし、子どもの権利の推進にコミットする。
原則2	すべての企業活動および取引関係において児童労働の撤廃に寄与する。
原則3	若年労働者、子どもの親や世話をする人々に働きがいのある人間らしい仕事を提供する。
原則4	すべての企業活動および施設等において、子どもの保護と安全を確保する。
原則5	製品とサービスの安全性を確保し、それらを通じて子どもの権利を推進するよう努める。
原則6	子どもの権利を尊重し、推進するようなマーケティングや広告活動を行う。
原則7	環境との関係および土地の取得・利用において、子どもの権利を尊重し、推進する。
原則8	安全対策において、子どもの権利を尊重し、推進する。
原則9	緊急事態により影響を受けた子どもの保護を支援する。
原則10	子どもの権利の保護と実現に向けた地域社会や政府の取り組みを補強する。

（出典）日本ユニセフ協会のウェブサイト。

第8章

わたしたちにできること

不買は幸福をもたらさない

わたしたちは、ようやく価格の安い洋服が、どこの国の誰によって、どのようにつくられて、わたしたちの手元に届いたのかを理解しました。そして、なぜこんなにも価格の安い洋服が生み出されるのか、そのわけを知りました。同時に、女性たちが働く環境はとても劣悪で、死に至る危険のある工場で働きつづけていることもわかりました。

わたしは、大学生や市民に、バングラデシュの縫製工場の状況やそこで働く女性たちの生活について話すことがあります。バングラデシュの縫製工場の状況を説明すると、必ず、「バングラデシュの縫製産業はとても問題です。若い女性たちを搾取しています。これからは、バングラデシュでつくられた洋服を買わないようにしたいと思います」という感想を見聞きします。

確かに、バングラデシュの縫製産業にはたくさんの問題があり、解決しなければならないことが山ほどあります。しかし、果たして、わたしたち消費者がバングラデシュでつくられた洋服を一切買わないということが、問題の解決に

品質検査員として、縫製工場で働く姉妹

笑顔を見せる女性工員

なるのでしょうか。

もう少しやさしい言葉でいえば、わたしたちが今日からバングラデシュでつくられた洋服を一切購入することをやめれば、バングラデシュの縫製工場で働く若い女性たちの労働環境は改善され、女性たちが幸せになるのか、ということです。

わたしは、安い洋服を買わない、すなわち不買がバングラデシュの人びとの幸福にはつながらないと思っています。なぜなら、バングラデシュの女性たちがつくる製品のほとんどは、先進諸国を中心に輸出されているからです。もし、先進諸国に輸出した製品を先進諸国の人びとが買わないとすれば、どうでしょうか。

当然、バングラデシュの工場への注文は減少します。バングラデシュの女性たちの仕事が減ってしまうかもしれません。仕事が減れば、当然給料も下がります。最悪の場合には、解雇されてしまうことも考えられます。

わたしには、バングラデシュの製品を買わないということは、バングラデシュの女性たちの状況改善につながらないばかりか、むしろ悪化させるという、悪いシナリオが待ち受けているように思えるのです。

それでは、わたしたちはどうしたらよいのでしょうか。わたしは、バングラデシュの縫製工場で働くすべての人びとの権利を保障するための費用を商品の価格に上乗せすることを、みんなが「よし」とする社会的な合意形成が必要だと考えます。これまで990円で売られていた1枚のジーンズの価格を、5円でもいいから値上げすることを、わたしたちが受け入れられるかどうかです。もちろん、1枚当たり5円の値上げ分をバングラデシュの縫製工場で働く人びとの給料や労働環境の改善に使うことが大前提です。

ディーセント・ワークを保障するには

ディーセント・ワーク（Decent Work）という言葉があります。「働きがいのある人間らしい仕事」を意味します。この言葉は、1999年に、ILO（国際労働機関）の報告書*ではじめて用いられました。

ILOは、ディーセント・ワークを「（働く人びとの）権利が保障され、十分な収入を生み出し、適切な社会的保護が与えられる生産的な仕事」（ILO駐日事務所ウェブサイト）と定義しています。そして「全ての人にディーセン

＊ILO（国際労働機関）の報告書：第87回（1999年）ILO総会事務局長報告、ILO東京支局訳『ディーセント・ワーク』、2000年。

ト・ワークを（Decent Work for All）」の目標を掲げ、さまざまな活動を展開しています。

わたしは、このディーセント・ワークを実現するためのコストを商品の価格に反映させることが何よりも必要であると考えています。そして、世界中に生きるすべての人びとが、「たとえ今よりも洋服の価格があがっても、それは働く人びとの権利を十分に保障するものであって、まっとうな価格である」と認識し、合意が得られる社会が望ましいと思います。そのうえで、バングラデシュの政府、企業、業界団体、そして先進国の企業、政府、国際機関、NGOなどが生産者であるバングラデシュの人びと（大半は女性）のディーセント・ワークを実現するための、とりくみをはじめることが必要です。

バングラデシュで起きた工場火災や倒壊事故は、バングラデシュの人びとだけがとりくむべき課題ではなく、そこでつくられた洋服を消費してきたわたしたちが、バングラデシュの人びとともにとりくまなければならないのです。

わたしたちに何ができるか、ワークショップ編と参加編とにわけて考えてみましょう。

ワークショップ編

わたしたち（消費者）は、購入する洋服について知ることが大切です。

1　洋服のタグを見て、どこの国でつくられているか調べてみる

みなさんは、自分のもっている洋服について、どれだけ知っていますか。自分のクローゼットの中をのぞいてみてください。自分のもっている洋服がどれだけあるか確認してみましょう。

洋服には必ず、タグがついています。そのタグを見て、どこの国でつくられているか、1枚1枚調べてみましょう。

タンクトップのような下着類、1000円以下のTシャツなどはバングラデシュ製やベトナム製、夏物のワンピースやチュニックなどはインド製、ジャケットやスーツ、学生服など少し値段の高い洋服は中国製といった具合になっています。

学校や地域、何人かのグループでやってみるとたくさんの洋服のデータが集

まるので、より傾向がはっきりするでしょう。

2 それぞれの国の状況について、調べてみる

各国の経済や社会の状況を知るためには、まずは外務省のウェブサイト*を見てみましょう。小学生や中学生用には、キッズ外務省のウェブサイト*が用意されています。キッズ外務省のウェブサイトには、世界の国ぐにの首都や独立の年、人口などの基本情報や各国の国旗など、たくさんの情報が掲載されています。

ほとんどの国で、洋服をつくっているのは女性です。各国の女性の状況について、世界のことを学べる本リスト（155ページ参照）から読んでみる、また教材*で調べてみるのも大切です。

バングラデシュの縫製工場で働く女性について知るためには、DVD『Garment Girls～バングラデシュの衣料工場で働く若い女性たち*』（タンヴィール・モカメル監督、2007年）を見てみましょう。縫製工場で働く女性の様子だけでなく、バングラデシュの縫製産業の歴史や消費者であるイギリスの若者の認識など、多様な角度から問題をとらえることができます。

＊外務省のウェブサイト： http://www.mofa.go.jp/mofaj/

＊キッズ外務省のウェブサイト： http://www.mofa.go.jp/mofaj/kids/

＊教材：
・『地図でみる世界の女性』（ジョニー・シーガー著、明石書店、2005年）
・『くらべてわかる世界地図〈3〉ジェンダーの世界地図』（藤田千枝編、大月書店、2004年）など。

＊DVD『Garment Girls～バングラデシュの衣料工場で働く若い女性たち』： 学校や地域での教育目的で使用する場合に限り、シャプラニールが貸し出している（一回の利用料1000円／ウェブサイト：http://www.shaplaneer.org）。

3 マンガ『その服、もう捨てちゃうの？』で、服の一生を考えてみる

昔は着物を仕立て直して、親から子へと受け継ぎ、兄弟や姉妹の間での「お下がり」は当たり前でした。着古した浴衣はおむつにしたり、お手玉などのおもちゃに再利用されていました。今は、少し破れたら、直すよりも買ったほうが安いという時代です。

「とことん服とつきあう委員会」が編集した『その服、もう捨てちゃうの？』は、こうした時代に生きるわたしたちが、洋服とどのようにしてつき合っていけばよいのかを考えるマンガです。

使い古した布や着古した洋服の使い道や、最新の繊維のリサイクルの技術について、マンガでわかりやすく説明しています。繊維のリサイクルがなかなかすすまない状況の中で、どうすれば衣料品をゴミとして捨てないようにできるのかを考えてみましょう。

マンガ『その服、もう捨てちゃうの？』
（出典：とことん服とつきあう委員会）

参加編

1　エシカルファッションを身につけてみる

日本語に訳すと「倫理的なファッション」です。エシカルファッションを推進させる日本の団体、「エシカルファッションジャパン」*による、エシカル（倫理的）とは以下の9つのことを指しています。

①フェアトレード（Fair Trade）――公正な取引、対等なパートナーシップにもとづいた取引で、不当な労働と搾取をなくす目的を実現すること。

②オーガニック（Organic）――有機栽培で生産された素材。原則として、製造のすべての工程を含めて認証機関や国が設けた厳格な基準と実地検査を通過したもの。

③アップサイクルとリクレイム（Upcycle & Reclaim）――「アップサイクル」は質の向上をともなう再生利用、「リクレイム」は在庫商品（その素材も含む）を回収して利用すること。

＊エシカルファッションジャパン：日本発信のエシカルファッションを推進する団体。国内外のブランドのPRや情報発信、ワークショップやイベントの運営をおこない、エシカルファッションの普及につとめている（エシカルファッションジャパンウェブサイト参照）。

④持続可能な素材（Sustainable Material）――環境負荷がより低い素材を活用すること。生地では、とくに、天然素材、環境にやさしい化学繊維、リサイクル繊維、環境負荷の低い加工方法を取り入れること。

⑤クラフトマンシップ（職人の技能・Craftsmanship）――国内外を問わず、伝統的な技術、中古品の活用、熟練の職人によって製作されたもの。

⑥ローカルメイド（地元産・Local Made）――地域に根差したものづくり。地域産業・産地の活性化により、雇用の創出、技術の伝承と向上を目指すこと。

⑦アニマル・フレンドリー（動物にやさしく・Animal-Friendly）――ヴィーガン、*動物の権利や動物の福祉に配慮すること。

⑧ウエイスト・レス（無駄をなくす・Waste-less）――ライフサイクルの各段階の無駄を削減すること。カーボンフットプリント*の削減、3Dプリンティング技術、ゼロ・ウエイスト・デザイン、*着用時のCO_2の削減など。

⑨ソーシャルプロジェクト（社会的な事業・Social Projects）――NPO／NGOへの寄付（物資・金銭）、ビジネスモデルを生かしての支援、雇用創出など、自社のリソースを生かしたとりくみのこと。

＊ヴィーガン：ベジタリアン以上に厳格な菜食主義者のこと。

＊カーボンフットプリント：商品やサービスの原材料調達から廃棄・リサイクルに至るまでのライフサイクル全体を通して温室効果ガスの排出量をCO_2に換算して、商品やサービスにわかりやすく表示するしくみのこと。ここでは換算して出てきたCO_2の排出量のことを意味する。CFPプログラムのウェブサイト参照。

＊ゼロ・ウエイスト・デザイン：ゼロ・ウエイストとは、これまでの燃やして埋めるごみ処理の方法から、ごみ自体を減らしゼロにするという考え方。この考えにもとづいて設計された洋服。

この9つのいずれかを考慮に入れたファッションが、エシカルファッションといわれています。日本では、まだまだなじみが薄く、*そうした商品が手に入りにくいこともあり、すべての洋服をエシカルファッションにすることはむずかしいかもしれません。しかし、こうした洋服があるということを知っておくことは大切です。

2　古着のリサイクルや再利用にとりくむ企業の活動に参加する

近年、古着のリサイクルや再利用にとりくむ企業*が増えています。たとえばオンワード樫山は、２００９年から百貨店で自社の衣料品を引き取り、可能な限りリサイクルまたはリユースするとりくみ、「グリーン・キャンペーン*」を年2回おこなっています。リサイクルについては、ＲＰＦ（固形燃料）に再生して、大手製紙工場の代替エネルギーとして活用するほか、繊維製品の原料となるリサイクル糸をつくり、その糸を使用して毛布や軍手を生産しています。これらの製品は、日本赤十字社を通じて世界の被災地支援などに活用されています。

＊日本でのエシカルに対する浸透具合：なじみが薄いとはいえ、着実に動きは広がりつつある。大手アパレル企業・ユナイテッドアローズによる、エシカルファッションブランド、「テゲ　ユナイテッドアローズ」の立ちあげ（２０１４年3月）や三越伊勢丹による、エシカルファッションイベントの開催（２０１５年5月）など。消費者庁は、２０１５年5月に「『倫理的消費』調査研究会」を開催し、今後2年間かけて、国民の理解を広める活動をおこなう（朝日新聞、２０１４年5月22日付）。

＊古着のリサイクル、再利用にとりくむ企業：「衣：古着に新たな役割を――回収や再利用に取り組む各社」（毎日新聞、２０１５年3月14日付）。

＊オンワード樫山によるグリーン・キャンペーン：全国の主要な店舗で、クローゼットに眠るオンワード樫山のタグがついた衣料品を引き取っている（各店舗、引き取り期間中のみの取り扱い）。

また、ファストファッションでも衣料品の回収がおこなわれています。たとえば、ユニクロは全店舗で回収した自社のすべての商品を、世界中で必要としている人びとに届ける活動をしています。回収した洋服は、２０１１年からグローバルパートナーシップを結んでいるＵＮＨＣＲ*を通じて、世界中の難民や避難民、災害被災者、妊産婦や母子に届けられています。

ユニクロを運営するファーストリテイリングによれば、２０１５年２月末までに、14の国や地域で回収した洋服は３５３０万点、そのうち、56の国や地域に１４３８万点を寄贈したといいます。*

このほかにも、婦人・紳士・子ども服の企画販売を手がけるワールドやアウトレット施設を運営する三井不動産、スポーツ用品メーカーのゴールドウィン、ワコールなどが衣料品のリサイクルやリユースの活動をおこなっています。

3　NGOの活動に参加する

フェアトレード*という言葉を知っていますか？

日本語では、「公正な貿易」を意味します。開発途上国の原料や製品を適正

オンワード・グリーン・キャンペーン（京成百貨店・オンワード樫山共同企画）チラシ

＊ＵＮＨＣＲ：国連難民高等弁務官事務所。世界各地の難民の保護と支援をおこなう国連機関。国連総会によって創設、1951年、スイスのジュネーブを拠点に活動を開始。創設以来、数千万人以上の生活再建を支援し、1954年と1981年の2度、ノーベル平和賞を受賞している。

＊ユニクロの全商品リサイクル活動：ユニクロCSRウェブサイト参照。

＊フェアトレード：フェアトレード・ラベル・ジャパンウェブサイト参照。

な価格で継続的に購入し、経済的、社会的に立場の弱い開発途上国の生産者や労働者の自立、労働環境の改善を目指す貿易のことを指します。

このフェアトレードの活動を、日本で最初に取り入れた団体は、シャプラニールです。シャプラニールは、1974年からバングラデシュで手工芸品を生産し、それを販売する活動をおこなっています。きっかけは、1974年に、洪水に見舞われた農村の復興支援の一環として、家の外で収入を得る機会が制限されていた女性のために活動（農村開発活動）をおこなったことでした。名前は「女性のためのジュート手工芸品生産協同組合」です。伝統的なジュートを使ってかごなどをつくることで、女性たちは自分の手で収入を得ることができるようになりました。この組合に加入したことにより、女性たちは生きる意欲を見つけたと報告されています。

2003年、シャプラニールは、フェアトレードを通じて「つくる人」と「使う人」とがつながり、地球を笑顔でいっぱいにしたいという思いを込めて、シャプラニールのフェアトレード活動を「クラフトリンク」と名づけました。この間、生産者から製品を直接買いあげるのではなく現地のパートナー団体から仕入れるようになったり、バングラデシュだけでなくネパールにも活動地域を広げるなど、現在に至るまで継続的に活動しています。

フェアトレードの活動は、商品を買うだけでなく、売ることでもできます。シャプラニールの場合、返品可能な委託販売（委託期間は2週間）の申し込みを受けつけています。* 学校の文化祭や地域のイベントなどで、フェアトレードの商品を販売してみるのもいいでしょう。

こうしたフェアトレードの活動をおこなっているのは、シャプラニールだけではありません。ピープル・ツリーでは、婦人、紳士、子ども服と品ぞろえは豊富です。商品を購入する、母体組織であるグローバル・ヴィレッジの会員になってその活動を支える、また寄付をするなど、参加の仕方はさまざまです。

さあ、自分のできることから、一歩をふみ出してみましょう。

＊クラフトリンクの委託販売：くわしくはシャプラニールのウェブサイト参照。

シャプラニールのフェアトレード商品を扱ったカタログ、「クラフトリンク」

あとがき

わたしは2014年1月に、『バングラデシュの工業化とジェンダー――日系縫製企業の国際移転』（御茶の水書房）という本を出版しました。2012年にお茶の水女子大学に提出した博士論文を、1冊の本にまとめたものです。この本の出版からわずか2カ月後に、合同出版編集部の上村ふきさんから、中・高校生向けに本を書いてみませんか、と声をかけていただきました。これまで研究論文ばかりを書いてきたわたしにとって、少しハードルの高い挑戦でしたが、この依頼を受けることにしました。

その理由は、ただ1つです。それは、これから自分の意志で自分の洋服を購入する中学生や高校生に、1枚の洋服の裏側に何があるのかを知ってほしい、その思いです。

この間、わたしは生まれ育った東京を離れ、勤務先のある茨城県水戸市に居住するようになりました。日々、大学生を前にして講義をしています。もちろん、バングラデシュの縫製産業についても話をします。しかし、大学生のほとんどがバングラデシュについての知識をもたず、また自分が購入する洋服について何も知らない状況を目の当たりにするたびに、愕然《がくぜん》とします。そして、研究論文を書くことは大事だけれども、もっと若い人たちや市民に、わかりやすい言葉で発信していくことが必要だと感じるようになりました。

この本では、バングラデシュのこと、バングラデシュの縫製産業のこと、そして縫製産業で働く女性のことだけでなく、価格の安い洋服がどのようにつくられているのかを記すことを通じて、グローバル経済とわたしたちがどのように関係しているのかを見つめました。

わたしたちが手にする1枚の洋服を縫製するだけで、およそ70人ものバングラデシュの人びと（大半は女性）がかかわっていることを知ったとき、そしてその人たちが死に至る危険のある工場で働きつづけていることを知ったとき、みなさんは何を感じるでしょうか。わたしたちは、１１００人を超える人びとの尊い命が一瞬にして奪われたラナ・プラザの事故後も、その痛みを感じることなく、いつもと同じように価格の安い洋服を購入しつづけているのです。

バングラデシュの女性たちの多くは、サリーやサロワカミューズといった民族衣装を身につけています。おそらく、工場で働く女性たちは、自分たちがつくった商品をどこの誰が購入するのか、どんな風に着るのかなど知ることもなく、毎日ミシンをふみつづけているでしょう。彼女たちがつくる洋服を着るのは、彼女たちではないのです。バングラデシュの女性たちは手先が器用で、手を抜くこともなく、今も一生懸命、わたしたちが着る洋服をつくりつづけていることでしょう。

ようやくわたしたちは、わたしたちの洋服をつくっている人びとのことを知りました。わたしたちの行動が、海の向こうの遠く離れたバングラデシュの人びとを苦しめている、その事実を知った今、これまでと同じ行動のままではいられないでしょう。

わたしたちの身の回りには、価格の安い商品があふれ、自然とそうした商品を身にまとうことに慣れきってしまっています。しかし、価格の安さの裏にはわけがあるのです。このわけを知ったあなたは、もう「よき」消費者としての一歩をふみ出したことになります。

あなたの楽しいショッピングが、海の向こうのバングラデシュの人びとの幸せにつながることを願って。

長田華子

世界のことを学べる本リスト

■書籍

・『**世界の女性問題（全3巻）**』、関橋眞理［著］、汐文社、2013〜2014年。
・『**わたしは13歳、学校に行けずに花嫁になる。――未来をうばわれる2億人の女の子たち**』、公益財団法人プラン・ジャパン　久保田恭代・寺田聡子・奈良崎文乃［著］、合同出版、2014年。
・『**21世紀の紛争（全5巻）――子ども・平和・未来**』、吉岡攻［編］、岩崎書店、2010年。
・『**リキシャ★ガール**』、パーキンス・ミタリ［作］、ホーガン・ジェイミー［絵］、永瀬比奈［訳］、鈴木出版、2009年。
・『**子どもと健康の世界地図――劣悪な環境におかれた子どもたち**』、平野裕二［訳］、丸善出版、2008年。
・『**グローバル化とわたしたち――国境を越えるモノ・カネ・ヒト**』、村井吉敬［著］、岩崎書店、2006年。
・『**地図でみる世界の女性**』、ジョニー・シーガー［著］、原民子・木村くに子［訳］、明石書店、2005年。
・『**くらべてわかる世界地図〈3〉ジェンダーの世界地図**』、藤田千枝［編］、菅原由美子・鈴木有子［著］、大月書店、2004年。
・『**バングラデシュの女性たちは今――世代を通してみえるもの**』、國行敬子［著］、シャプラニール＝市民による海外協力の会、2001年。
・『**世界子供白書**』ユニセフ（公益財団法人日本ユニセフ協会でバックナンバーを購入できます）。

■DVD

・『**Garment Girls――バングラデシュの衣料工場で働く若い女性たち**』、タンヴィール・モカメル監督、2007年（教育目的に使用する場合に限り、シャプラニールで貸し出し可。1回の利用料1000円）。

参考文献

＊著者名・五十音順

■書籍

・伊藤元重、『ゼミナール国際経済入門（改訂3版）』、日本経済新聞出版社、2005年。
・エリザベス・L・クライン、『ファストファッション――クローゼットの中の憂鬱』、鈴木素子訳、春秋社、2014年。
・辛島昇ほか監修、『南アジアを知る事典』、平凡社、2002年。
・久保幹雄、『サプライチェーン最適化の新潮流――統一モデルからリスク管理・人道支援まで』、朝倉書店、2011年。
・齊藤孝浩、『ユニクロ対ZARA』、日本経済新聞出版社、2014年。
・佐山周・大枝一郎、『1秒でわかる！　アパレル業界ハンドブック』、東洋経済新報社、2011年。
・ジョン・ジェラルド・ラギー、『正しいビジネス――世界が取り組む「多国籍企業と人権」の課題』、岩波書店、2014年。
・坪井ひろみ、『グラミン銀行を知っていますか――貧困女性の開発と自立支援』、東洋経済新報社、2006年。
・内藤雅雄・中村平治編、『南アジアの歴史――複合的社会の歴史と文化』、有斐閣アルマ、2006年。
・西川潤、『南北問題――世界経済を動かすもの』NHKブックス、1979年。
・ピエトラ・リボリ、『あなたのTシャツはどこから来たのか？――誰も書かなかったグローバリゼーションの真実』、雨宮寛・今井章子訳、東洋経済新報社、2007年。
・ムハマド・ユヌス、アラン・ジョリ、『ムハマド・ユヌス自伝――貧困なき世界をめざす銀行家』、猪熊弘子訳、早川書房、1998年。
・村山真弓・山形辰史編、『知られざる工業国バングラデシュ』、アジア経済研究所、2014年。

■論文

・粟津卓郎、「バングラデシュの基本法制に関する調査研究」、曾我法律事務所、2014年。
・五十嵐理奈、「女性の技術が支えるNGOアート――カンタとノクシ・カンタ」、大橋正明・村山真弓編著、『バングラデシュを知るための60章（第2版）』、明石書店、2009年。
・市來圭、「アジアへの展開で見落としがちなこと――グローバルスタンダードとなったCSR」共立総合研究所、2010年。

・北澤謙、「赤色のスウッシュはニワトリのとさか――ベトナムのナイキ工場」、『NIKE：Just DON'T do it』、アジア太平洋資料センター、１９９８年。
・木村照夫、「衣類の消費と廃棄・循環の実態と課題」、『廃棄物資源循環学会誌』、Vol.21、No.3、２０１０年。
・ジェトロ、「多角的繊維協定（ＭＦＡ）撤廃による南西アジア繊維産業への影響に関する調査」、ジェトロ海外調査部、２００４年。
・須田敏彦、「グローバル化するバングラデシュ農村経済――経済構造変化のメカニズムと貧困への影響」、『アジア経済』、第51巻第11号、アジア経済研究所、２０１０年。
・ダイアン・エルソン、ルース・ピアスン、「『器用な指は安い労働者をつくる』――第三世界の輸出産業における女性雇用の分析」『経済労働研究』、第7集、１９８７年。
・高月紘、「繊維製品の知られざる環境負荷」、『循環とくらし2：ファッションと循環～エコもおしゃれもしたいあなたに～』、廃棄物資源循環学会、２０１１年。
・鳥羽達郎、「H&Mの世界戦略――ファストファッションをもたらす事業システムの解明」『戦略的グローバリズムの企業経営』、中津孝司編著、創成社、２０１２年。
・延末謙一、「１９９５年のバングラデシュ――憲政の危機と経済の混乱」、『アジア動向年報』、１９９６年。
・朴根好、「ナイキとアジア――『搾取の芸術』」、『NIKE：Just DON'T do it』、アジア太平洋資料センター、１９９８年。
・朴根好、「企業のグローバル化と企業倫理――グローバル経営戦略の落とし穴」、田島慶吾編著、『現代の企業倫理』、大学教育出版、２００７年。
・三浦聡、「人権」『グローバル社会の国際関係論（新版）』、山田高敬・大矢根聡編、有斐閣コンパクト、２０１１年。
・宮坂純一、「スウェットショップからの問題提起」、『奈良産業大学紀要』、２００５年。
・村山真弓、「政治を司る二人の女性」、『アジ研ニュース』、No.１６２、アジア経済研究所、１９９５年。
・ILO,Towards a Safer Ready Made Garment Sector for Bangladesh, 2104.
・ILO,Rana Plaza: Two Years on Progress made & challeges ahead for the Bangladesh RMG sector, 2015.
・Pratima Paul-Majumder and Anwara Begum, Engendering Garment Industry: The Bangladesh Context,The University Press Limited, 2006.
・Unicef and ILO, Addressing Child Labour In The Bangladesh Garment Industry 1995-2001, New York and Geneva, 2004.

■執筆者紹介

長田華子（ながた・はなこ）

茨城大学人文社会科学部准教授。

専門はアジア経済論、南アジア地域研究、ジェンダー論。

1982年、東京都生まれ。

2005年3月、東京女子大学文理学部社会学科卒業。

2005年4月、お茶の水女子大学大学院人間文化研究科入学。

2006年4月から1年間、バングラデシュ人民共和国ダッカ大学社会科学部女性学・ジェンダー学科に留学。

2008年3月、お茶の水女子大学大学院人間文化研究科博士前期課程修了（修士：社会科学）。

2012年3月、お茶の水女子大学大学院人間文化創成科学研究科博士後期課程修了（博士：社会科学）。

2013年、日本学術振興会特別研究員（PD・東京大学社会科学研究所）を経て、2014年4月より現職。

大学院入学後から10年間、毎年バングラデシュを訪問して、縫製産業で働く女性たちを調査・研究している。その成果を、講義やシンポジウムなどの場で、学生、市民、NGOに向けて精力的に発信している。

【著書】
『バングラデシュの工業化とジェンダー――日系縫製企業の国際移転』（御茶の水書房、2014）
「第2章　低価格の洋服と平和――バングラデシュの縫製工場で働く女性たち」、堀芳枝編著、『学生のためのピース・ノート2』（共著、コモンズ、2015）

■写真提供　長田華子
■図表作成　Shima.
■組　　版　合同出版デザイン室（酒井広美）

990円のジーンズがつくられるのはなぜ？
——ファストファッションの工場で起こっていること

2016年1月15日　第1刷発行
2022年3月10日　第5刷発行

著　者　　長田 華子
発行者　　坂上 美樹
発行所　　合同出版株式会社
東京都小金井市関野町1-6-10
郵便番号　184-0001
電話　042（401）2930
振替　00180-9-65422
ホームページ　https://www.godo-shuppan.co.jp/
印刷・製本　　株式会社シナノ

■刊行図書リストを無料進呈いたします。■落丁・乱丁の際はお取り換えいたします。

ISBN978-4-7726-1268-5 NDC360 210 × 148

＊別途消費税がかかります。

子どもたちに知ってほしい世界の現実

人気のシリーズ
好評発売中!

わたしは13歳、学校に行けずに花嫁になる。
未来をうばわれる2億人の女の子たち

公益財団法人プラン・ジャパン 久保田恭代＋寺田聡子＋奈良崎文乃〔著〕 ●1400円

６歳で、家事使用人として売られる女の子。７歳からタバコ巻きのしごとをする女の子。貧しさから、13歳で強制的に結婚させられる女の子。わたしたちにできる何かがきっとあります。

ぼくは12歳、路上で暮らしはじめたわけ。
私には何ができますか? その悲しみがなくなる日を夢見て

特定非営利活動法人 国境なき子どもたち(KnK)〔編著〕●1300円 渡辺真理さん推薦!

何がストリートチルドレンを生み出したのだろう? そして子どもたちが野良犬のように扱われる社会をだれが作ったのだろう? まず自らに問いかけてみることが、第一歩になるはずだ。

わたし8歳、カカオ畑で働きつづけて。
児童労働者とよばれる2億1800万人の子どもたち

岩附由香+白木朋子+水寄僚子(ACE)〔著〕 ●1300円 池田香代子さん推薦!

サッカーボールを縫っていたインドのソニアちゃん、8歳の売春婦、フィリピンのピアちゃん、借金のかたに働かされるインドの少年。原因から解決の糸口まで、児童労働のことがよくわかる入門書。

世界中から人身売買がなくならないのはなぜ?
子どもからおとなまで売り買いされているという真実

小島 優・原 由利子〔著〕 ●1300円 辛淑玉さん推薦!

人・物・金が世界をめぐるグローバル化の中、人に値段がつけられ売買されている。そして日本は人身売買の受け入れ大国なのだ。事実を知り、身近な問題として考えてみよう。

子どもが主役で
未来をつくる

紛争、貧困、環境破壊をなくすために
世界の子どもたちが語る20のヒント

小野寺愛＋高橋真樹〔編著〕 ●1400円 セヴァン・スズキさん推薦!

わたしたち大人も、子どもたちから学んだほうがいい。大変な状況にあっても、希望を持って生きる世界の子どもたちの、輝く20のチャレンジをレポート。

世界から貧しさをなくす30の方法

田中優＋樫田秀樹＋マエキタミヤコ〔編〕 ●1300円 広末涼子さん推薦!

「地球にやさしい」植物性の油は、熱帯林を丸裸にしています。かわいいペットのネコ缶からアジアの悲しい現実が見えます。貧しさのホントの原因を知り、いっしょに考えませんか。